旧工业建筑再生利用安全解构

Safety analysis for the regeneration of old industrial buildings

李慧民　郭　平　盛金喜　陈雅斌　著

中国建筑工业出版社

图书在版编目（CIP）数据

旧工业建筑再生利用安全解构 / 李慧民等著．—北京：中国建筑工业出版社，2020.7

ISBN 978-7-112-25063-9

Ⅰ.①旧… Ⅱ.①李… Ⅲ.①旧建筑物—工业建筑—废物综合利用—安全管理 Ⅳ.①X799.1

中国版本图书馆CIP数据核字（2020）第072853号

本书是对旧工业建筑再生利用安全控制与安全管理的系统论述。全书共分为7章。其中第1章论述旧工业建筑再生利用安全控制的基础理论；第2～4章分别从安全施工技术、结构安全模型、安全风险评估等方面探讨旧工业建筑再生利用安全控制的原则、程序、内容及方法；第5～7章，对旧工业建筑再生利用过程中的社会安全、文化安全、生态安全等问题进行剖析，进一步阐释旧工业建筑再生利用安全管理的相关理论。

本书可供从事旧工业建筑再生利用规划、设计、施工、管理工作的人员参考，也可作为高校相关专业师生的教学资料。

责任编辑：武晓涛
责任校对：焦　乐

旧工业建筑再生利用安全解构
Safety analysis for the regeneration of old industrial buildings
李慧民　郭　平　盛金喜　陈雅斌　著

*

中国建筑工业出版社出版、发行（北京海淀三里河路9号）
各地新华书店、建筑书店经销
北京点击世代文化传媒有限公司制版
北京建筑工业印刷厂印刷

*

开本：787×1092毫米　1/16　印张：12　字数：253千字
2020年9月第一版　2020年9月第一次印刷
定价：48.00元
ISBN 978-7-112-25063-9
（35857）

《旧工业建筑再生利用安全解构》
编写（调研）组

组　　长：李慧民

副 组 长：郭　平　盛金喜　陈雅斌

成　　员：陈　旭　武　乾　杨战军　张　勇　高明哲

孟　海　周崇刚　钟兴举　孟　江　王安冬

刘亚丽　计亚萍　任秋实　田　卫　张　扬

贾丽欣　陈　博　华　珊　胡　鑫　张广敏

郭海东　吴思美　裴兴旺　王孙梦　李文龙

柴　庆　刘怡君　段品生　田梦堃　熊　雄

熊　登　董美美　尹思琪　李温馨　于光玉

郭晓楠　龚建飞　王　蓓

前 言

本书对旧工业建筑再生利用安全解构的原理和方法进行了系统论述，是旧工业建筑再生利用系列图书下设书目。全书在深入探讨旧工业建筑再生利用安全解构理念和内涵的基础上，将安全问题按照控制与管理的范畴拆解为上下两篇，并展开了分析讨论。全书共7章。其中第1章阐述了旧工业建筑再生利用安全控制的基础内涵，对安全控制的理念、内涵及发展情况进行了系统剖析；第2章就旧工业建筑再生利用安全施工技术展开讨论，包括既有结构拆除技术、基础工程加固技术、主体结构改造技术、围护结构更新技术、地下管网修复技术和设备设施再生技术；第3章探讨了旧工业建筑再生利用结构安全模型的概念与应用，从决策设计、施工建造、工程验收和运营维护阶段进行论述；第4章研究了旧工业建筑再生利用安全风险评估的原理，从评估指标体系、评估方法、评估模型和控制措施等角度展开讨论；第5～7章分析了社会安全、文化安全、生态安全等多方作用下的旧工业建筑再生利用安全问题，具体剖析了旧工业建筑再生利用安全管理方法，对旧工业建筑再生利用安全管理相关理论展开了进一步论述。

本书由李慧民、郭平、盛金喜、陈雅斌著写。其中各章分工为：第1章由李慧民、任秋实编写；第2张由王安冬、郭平编写；第3章由钟兴举、李慧民编写；第4章由郭平、陈雅斌编写；第5章由陈雅斌、计亚萍编写；第6章由盛金喜、刘亚丽编写；第7章由孟江、盛金喜编写。

本书的编写得到了国家自然科学基金面上项目“绿色节能导向的旧工业建筑功能转型机理研究”（批准号：51677879）、青年项目“生态安全约束下旧工业区绿色再生机理、测度与评价研究”（批准号：51808424）、青年项目“考虑工序可变的旧工业建筑再生施工扬尘危害风险动态控制方法研究”（批准号：51908452），陕西省教育厅自然科学项目“面向文创产业的旧工业区再生利用绿色评价指标体系研究”（批准号：18JK0458），陕西省自然科学基础研究计划项目“基于PSIR的旧工业区绿色再生结构维度与测量模型构建研究”（批准号：2020JQ-690）的支持，同时西安建筑科技大学、北京建筑大学、百盛联合建设集团、西安华清科教产业（集团）有限公司、昆明八七一文化投资有限公司、西安世界之窗产业园投资管理有限公司、案例项目所属单位、相关规划设计研究院等单位的技术与管理人员均对本书的编写提供了诚恳的帮助。同时在编写过程中还参考了许多专家和学者的有关研究成果及文献资料，在此一并向他们表示衷心的感谢！

由于作者水平有限，书中不足之处，敬请广大读者批评指正。

作者

2020 年 6 月于西安

目　录

第一篇

安全控制解构

第1章　旧工业建筑再生利用安全控制基础

旧工业建筑再生利用安全控制是以落实安全管理决策与目标，消除一切事故，避免事故伤害，减少事故损失为目的的一系列活动。安全控制措施是安全控制的方法与手段，控制的重点是对生产各因素状态的约束与管理。旧工业建筑再生利用的安全涉及方方面面，通过管理的职能，进行有关安全方面的决策、计划、组织、指挥、协调、控制等工作，从而有效地发现、分析再生过程中的各种不安全因素，预防各种意外事故，推动旧工业建筑再生利用的顺利发展。

1.1　旧工业建筑再生利用安全控制理念

1.1.1　相关概念

(1) 旧工业建筑再生利用

从既有的研究文献来看，谈及旧工业建筑时，往往离不开对工业遗产的讨论；单是“旧工业建筑”一词，又有广义和狭义之分。为明确本书的研究对象，通过分析相关文献及实际项目，对旧工业建筑的概念进行系统解析，如图1.1所示。

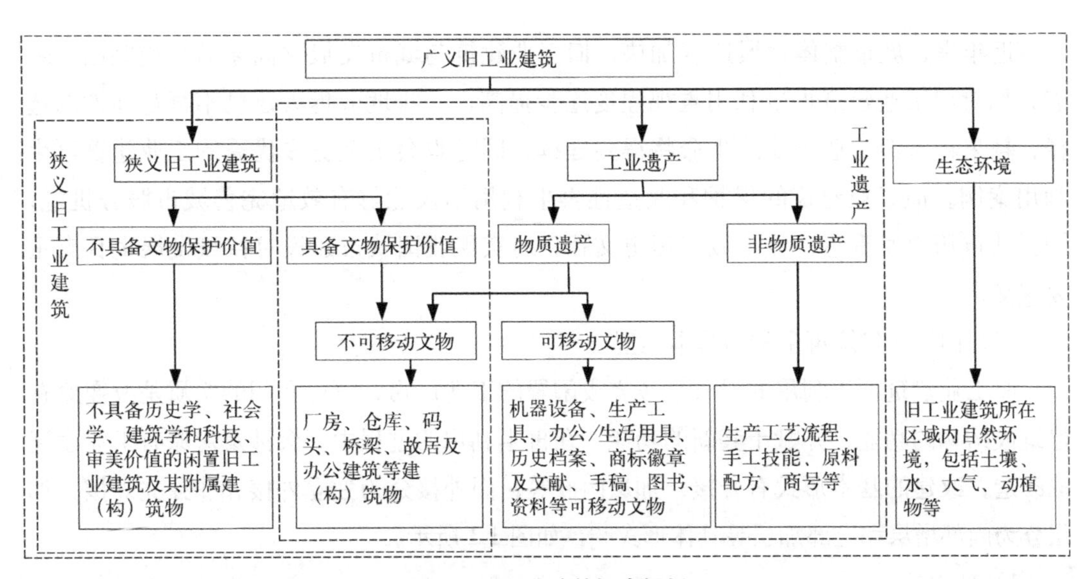

图1.1 旧工业建筑概念解析

狭义的旧工业建筑是指因各种原因失去原使用功能、被闲置的工业建筑及其附属建（构）筑物；工业遗产指具有历史、技术、社会、建筑或科学价值的工业文化遗迹，包括建筑和机械、厂房、生产作坊和工厂矿场以及加工提炼遗址等；而广义的旧工业建筑是包括狭义的旧工业建筑、工业建筑遗产及其所在环境的集合。

再生利用是对原有建筑的再次开发利用，它是在原有建筑非全部拆除的前提下，全部或部分利用原有建筑物质实体并相应保留其承载的历史文化内容的一种建造方式。“再生利用”是一种整体的策略，在某种程度上包含适当的保护、修复、翻新、改造等多重内容，其核心思想在于在符合社会经济、文化整体发展目标的基础上为旧工业建筑重新赋予生命。旧工业建筑再生利用要求我们发掘建筑过去的价值并加以利用，将其转化成新的活力，如图 1.2 所示。

(a) 北京 798 创意产业园（原 718 联合厂）

(b) 老钢厂设计创意产业园（原陕钢厂）

图 1.2　旧工业建筑再生利用项目实例

近年来，城市整体发展速度加快，旧工业建筑与城市发展之间矛盾日趋突出。随着人们对旧工业建筑再生利用重视程度逐步提高，一味地大拆大建已不再是理性的选择，越来越多旧工业建筑的生命将得到延续，同时也会出现更多优秀的工业建筑再生利用案例。旧工业建筑的保护和改造性再生利用不仅能够有效地完善城市服务机能，增强城市历史厚重感，传承城市历史文脉，对实现我国城市建设可持续发展也具有重要意义。

（2）旧工业建筑再生利用基本类型

旧工业建筑再生利用的对象是废弃或闲置的工业厂房，再生利用的实质是改变原有建筑或结构的功能，并赋予其新的功能。在再生利用的过程中，会涉及对原有工业建筑的改造，改建的基本形式有外接、加层内嵌等，而外接分为独立外接和非独立外接，加层分为内部增层和上部加层等具体形式[1]，如图 1.3 所示。

1）独立外接

旧工业建筑再生利用结构形式采用独立外接的方案时，项目可利用空间显著增大，

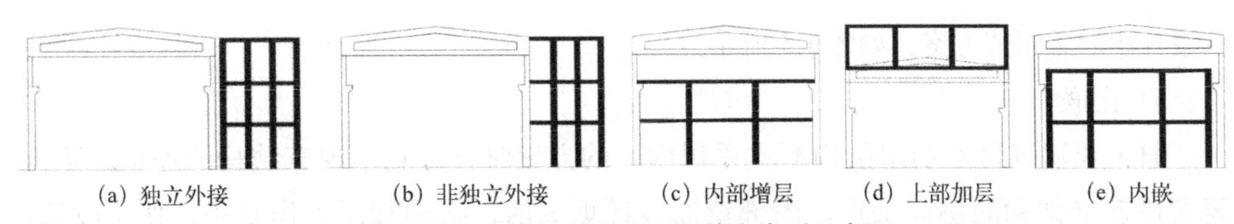

图 1.3　旧工业建筑再生利用基本类型示意图

对既有建筑上部结构和地基基础扰动较小，设计要求参照新建建筑规范标准，施工工艺简单，适用于需要大空间的公共建筑，同时又可与辅助用房相互独立，再生模式多样，如博物馆与办公室、训练场与更衣室等。

2）非独立外接

旧工业建筑再生利用结构形式采用非独立外接的方案时，项目可利用空间显著增大。该结构形式下新建部分与既有结构相结合，新老结构协同工作，再生后结构的整体性较好，两部分相互连通往来，有助于改善室内物理环境，适用于需要大空间的公共建筑，再生模式多样，如艺术中心与休息室、超市与库房等。

3）内部增层

旧工业建筑再生利用结构形式采用内部加固方案，不增加竖向承重构件，增量荷载完全依靠原结构。该方案空间上充分利用原有结构的承载能力，而且不涉及基础工程的设计和施工，工程造价相对较低。基于以上种种优势，该形式主要适用于原结构柱网不大、承载能力有较大富余的建筑物，多用于如写字楼和公寓等层高较低的民用或公共建筑。如昆明创库，现改为诺帝卡艺术中心，如图 1.4 所示。

图 1.4　昆明创库艺术中心
（原昆明机模厂）

图 1.5　天津天友绿色设计中心
（原某多层电子厂厂房）

4）上部加层

旧工业建筑再生利用结构形式采用上部加层方案时，应增加竖向承重构件，同时对原结构进行加固。该方案能最大限度地减少基础工程作业，充分利用既有结构承载力，方便控制建筑物的高度，保持建筑物的净高。主要适用于再生后需要预留较大空间的结构，现有结构柱网跨度不大，承载能力大，在实际改造中较为少见。北京首钢、天津天友绿色设计中心采用该方案，如图 1.5 所示。

5）内嵌

旧工业建筑再生利用结构形式采用内嵌的方案时，有利于现有结构的保护，不需要考虑新老结构的协同工作，内部镶嵌设计更灵活，结构加固工作量小，便于改造。主要适用于历史性建筑或有保护价值的建筑以及基本再生价值损失的建筑。另外，现有的结构相对复杂，基础资料收集不完整的建筑也适宜采用该方法。如云南大理床单厂原锅炉房为砖混结构，经检测鉴定结构承载力较差，再生设计采用内嵌的结构形式，现改为陶瓷艺术展览中心，如图 1.6 所示。昆明轻工机械制造厂也采取此法，如图 1.7 所示。

图 1.6　云南大理床单厂
（原大理床单厂锅炉房）

图 1.7　昆明金鼎 1919 创意产业园
（原昆明轻工机械制造厂）

(3）旧工业建筑再生利用安全

旧工业建筑再生利用如火如荼地进行，安全问题不容忽视。如图 1.8 所示，上海市某厂房进行再生利用时发生坍塌事故，被困人员 25 人，其中 10 人死亡。调查认定，该坍塌事故是一起安全生产责任事故。该厂房 1 层承重砖墙本身承载力不足，施工过程中未采取维持墙体稳定措施，南侧承重墙在改造施工过程中承载力和稳定性进一步降低，施工时承重砖墙（柱）瞬间失稳后部分厂房结构连续倒塌，生活区设在施工区内，导致群死群伤。

山东枣庄市某废旧厂房在焊接施工中发生爆炸，造成 7 人死亡，3 人受伤，如图 1.9 所示。针对旧工业建筑再生利用存在的诸多安全问题，应建立完备且成熟的控制和管理体系，由多方行为主体共同参与，对旧工业建筑再生利用各个阶段的安全提供保障 [2]。为保证旧工业建筑再生利用项目全寿命周期内人员、财产的安全，在决策、设计、施工、运营各阶段，运用现代安全管理的原理、方法和手段，分析和研究各种潜在的不安全因素，从技术上、组织上和管理上采取针对性的防控措施，解决和消除各种不安全因素，防止事故的发生。

(a) 废弃厂房坍塌现场

(b) 事故救援现场

图 1.8　某旧工业建筑再生利用项目坍塌事故现场

(a) 废弃厂房爆炸现场

(b) 事故救援现场

图 1.9　某旧工业建筑再生利用项目爆炸事故现场

1.1.2　基本理论

安全管理的基本理论是对管理学基本原理的继承和发展，主要包括事故致因理论、轨迹交叉理论、能量意外释放理论和系统安全理论。

（1）事故致因理论

大部分安全学者认为，工作中物的不安全状态和人的不安全行为同时存在并发生关联就会造成安全事故。美国著名安全学家 Heinrich 通过对早期的工业安全实践进行总结并在《工业事故的预防》[4] 一书中，首次提出了著名的多米诺骨牌理论（Domino Theory），如图 1.10 所示。该理论认为尽管事故发生是在某一瞬间完成，但安全事故的发生并不是一个孤立的事件，而是由一系列原因事件接连发生而产生的结果，伤害与各原因相互之间都具有连锁关系，就像多米诺骨牌一样，一旦第一张骨牌被推倒，就会导致以后的第二张直至最后一张依次倒下，也即安全事故经过一系列事件连锁反应而发生。Heinrich 最初的多米诺骨牌理论，认为安全事故是沿着下面的顺序发生的：人体本身——按照人的意志进行的动作——潜在危险——发生事故——伤害。依照该理论思想，事故发生的本质原因在于操作人员本身，如果操作人员的身体或心理状态处于非正常状态，就有可能导致人的意志或动作出现失误，产生潜在的危险，并导致事故发生，而造成人员的伤亡。后经过发展与完善，Heinrich 提出社会环境与传统、人的失误、人的不安全行为或物的不安全状态是导致事故发生的连锁原因。同时他还指出，控制安全事故发生的可能性和减少事故伤害及损失的关键所在就是消除人的不安全行为以及物的不安全状态，即在五张骨牌中，如果移去第三张骨牌，则第四张（事故）和第五张（伤害）就不会倒下，也就是说连锁被打断，导致事故发生的过程被中止，安全事故就不会发生，由此产生的伤亡和损失也就无从谈起。Heinrich 多米诺骨牌理论，从提出伊始就被广泛应用于安全生产活动中，并对此后的安全生产与管理工作产生了巨大而深远的影响。

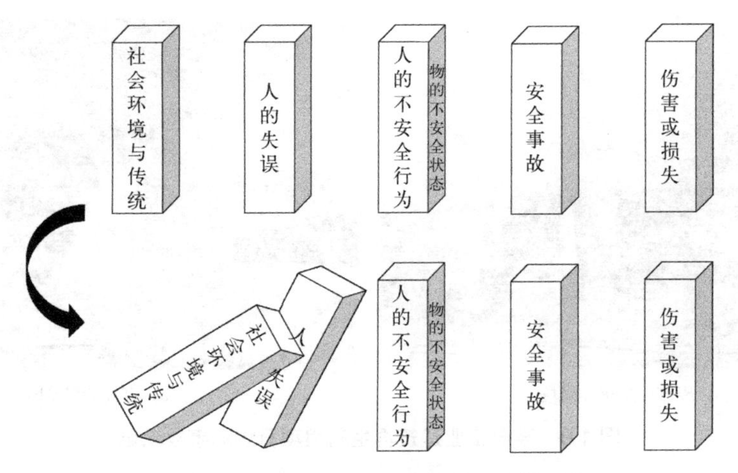

图 1.10　Heinrich 事故因果连锁反应模型图

根据 Heinrich 的事故致因理论，旧工业建筑再生利用的安全控制重点应是防止施工人员的不安全行为，消除施工机械设备的不安全状态，中断连锁事件的进程以避免安全事故的发生。因此，应该对施工人员进行岗前技术培训和安全教育，增强自身安全意识，确保自身安全，并自觉遵守各项安全规章制度，进行规范化作业；应对机械设备进行安全检查，排除故障，避免造成安全事故。可以看出，这些安全技术措施与要求都是对这一理论的具体体现。

（2）轨迹交叉理论

轨迹交叉理论是一种研究伤害事故致因的理论。该理论的基本思想是：伤害事故是由许多相互关联的事件顺序发展而产生的结果，这些事件从总体上概括主要是人和物（机）这两个发展系列，而当人的不安全行为与物（机）的不安全状态在各自发展轨迹中，一旦在一定时空上发生了“交叉”（接触），能量施加到人体上时，伤害事故就会发生。这一理论认为伤害事故的发生不仅取决于人的行为因素，同时还取决于物（机）的状态因素。但在一定的管理与环境条件下，人的不安全行为和物（机）的不安全状态各自存在的同时，并不会立即或直接导致伤害事故产生，而是需要在某些诱发因素的作用下才能发生，如图 1.11 所示。一般认为，人的不安全行为与物（机）的不安全状态是导致安全事故发生的直接原因。然而人的不安全行为与物（机）的不安全状态的形成又是受多种因素影响的结果。多数学者认为，在直接原因的背后，往往存在着安全政策制定者和安全监督者在安全管理上的缺陷，这是造成事故的更深层次的原因。

依据轨迹交叉理论原理，在旧工业建筑再生利用施工作业时，安全管理者可以从隔离人和物（机）运动轨迹的交叉，控制人的不安全行为与物（机）的不安全状态等三个方面来预防安全事故的发生。

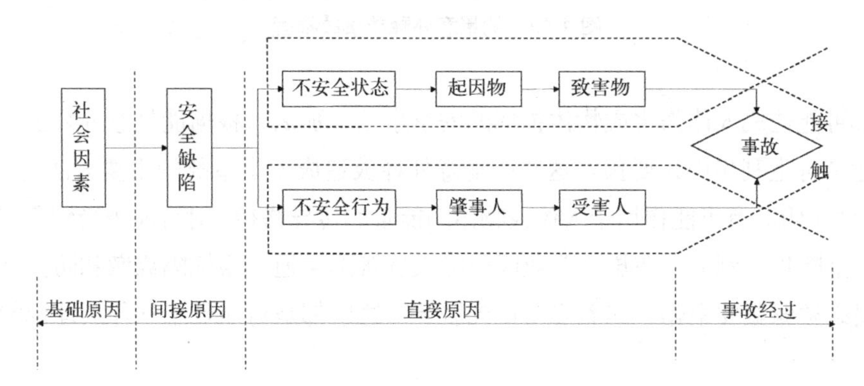

图 1.11　轨迹交叉事故致因理论模型

（3）能量意外释放理论

Gibson（1961 年）和 Haddon（1966 年）等美国安全研究人员从能量的角度对安全事故进行研究，提出了事故发生物理本质的能量意外释放理论，并使事故致因理论得到进一步发展，如图 1.12 所示。该理论认为，事故的发生是某种不正常的或是意外的能量释放导致，人体受到伤害是某种能量向人体的转移，各种形式的能量是造成事故及伤害的直接原因。在日常生产活动中，物体的能量是受到控制或是约束的，并能按照人的意志产生、流动、转换和做功，倘若某种原因导致能量违背人的意志失去控制，就会造成能量的意外释放，使生产活动中止并发生事故。如果释放的能量作用于人体，并且超出人体的正常承受能力范围，则会造成伤害事故；如果释放的能量作用到物体（机械设备等）上，并且超过物体的抵抗能力时，则会造成物体损坏。那么，防止事故发生的方法就是检测并控制能量源，阻断有可能作用于人体或物体的能量的传导路径，防止与人体或物体发生接触。

旧工业建筑再生利用项目和其他工程建设中经常遇到的能量释放有机械能（机械伤害、车辆伤害、高空坠落、物体打击、坍塌、冒顶、爆炸等）、热能（火灾、灼烫等）、电能（漏电、触电等）、化学能（中毒、窒息等）、电离及非电离辐射（尤其是各种放射性辐射）和声能（施工机械及爆破等的噪声），如图 1.13、图 1.14 所示。这些能量的意

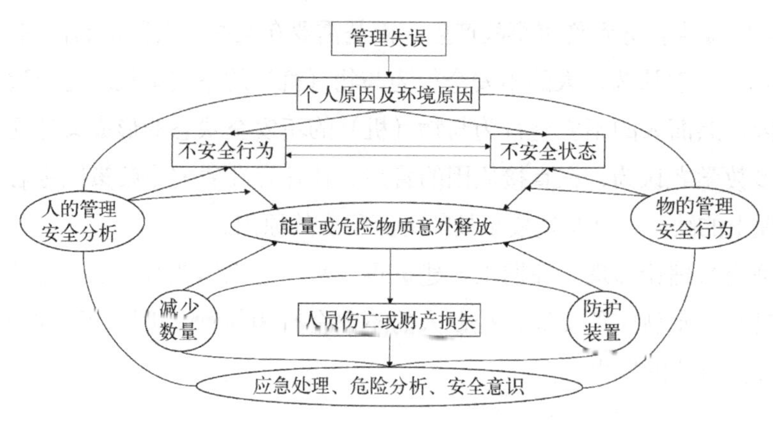

图 1.12　能量意外释放事故模型

外释放都可能造成人体伤害或物体损坏的安全事故。那么，根据能量意外释放理论，在旧工业建筑再生利用中，要预防这些能量意外释放造成安全事故的主要方法有：检测并控制能量源；阻断有可能作用于人体或物体的能量的传导路径；对可能遭受到危害的人或物进行安全防护。例如，在施工作业区边缘设置锥形交通、路标隔离墩和防撞桶（墙）；施工人员必须佩戴安全帽，穿着安全反光服等。这些都是对能量意外释放理论的应用和诠释。

图 1.13　施工现场物体打击

图 1.14　施工现场高空坠物

（4）系统安全理论

随着系统工程学科的不断发展，学者对系统工程的研究早已深入到规模庞大、结构极为复杂的系统之中。这些系统基本都是由无数的元素通过复杂的有机连接构成的，然而一旦这个有机体中出现某种差错或失误都可能造成毁灭性事故。因此，越来越多的研究人员开始关注大规模复杂系统安全性问题，并提出了系统安全事故致因理论。根据该理论，任何生产活动中都潜伏着危险因素和有害因素，没有绝对安全的事物存在。造成安全事故的危险因素和有害因素称为危险源，它可导致人体伤害、疾病、物体损坏、工作环境破坏以及财产损失等。防止事故发生的方法就是消除或控制系统中的危险源。有学者将危险源分为三类：能量源或危险物质——第一类危险源；破坏或使能量源或危险物质控制措施失效的因素——第二类危险源；不符合安全的组织因素——第三类危险源。

系统安全是在系统寿命周期内应用系统安全工程的管理方法，对系统中的危险源进行辨识，并采取一定控制措施使危险源的危险性降到最低，从而使系统在规定的时间、成本及性能范围内达到预期的安全目标。根据系统安全理论，一般预防安全事故的主要措施有：1）严格控制系统的生命周期；2）对危险源进行有效控制，一方面把事故的发生概率降到最低，另一方面把事故造成的伤害和经济损失等控制在可接受范围内；3）从人 - 机 - 环境系统角度综合考虑安全事故的预防措施。

1.1.3　一般流程

旧工业建筑再生利用项目的开展一般按照以下流程进行，如图 1.15 所示。

当前，国内旧工业建筑再生利用项目整体发展水平不高且不均衡。在决策设计阶段，指导旧工业建筑再生利用的政策法规尚不明确。此外，由于旧工业建筑始建年代久远，存在一定程度的损坏，且难以满足现行的结构设计规范，这无疑增大了再生利用过程中的风险。

在施工建造和工程验收阶段，旧工业建筑再生利用项目涉及的类别纷繁复杂，施工组织和项目管理难度较大。此外，与新建项目相比，旧工业建筑再生利用项目建设周期短，技术要求高，参与单位众多，以上种种特点决定了其作业的高风险性。

在运营维护阶段，旧工业建筑再生利用模式固化、单一，使用方式不当等都会造成其结构损坏和安全度降低等情况，危及结构的整体性。加之管理者的安全意识淡薄，致使旧工业建筑再生利用后遭受了二次的破坏。故此，旧工业建筑再生利用的安全问题十分值得我们探讨和研究。

1.2　旧工业建筑再生利用安全控制内涵

1.2.1　安全控制范畴及特点

旧工业建筑再生利用的本质是对原有建（构）筑物使用功能的改变，其安全控制的基本范畴如图 1.16 所示，涵盖对象是被废弃或闲置的旧工业建筑单体，及其原有生产配套的构筑物、设备设施等。

1.2.2　安全控制阶段及流程

（1）安全控制阶段

旧工业建筑再生利用安全控制阶段划分如图 1.17 所示。

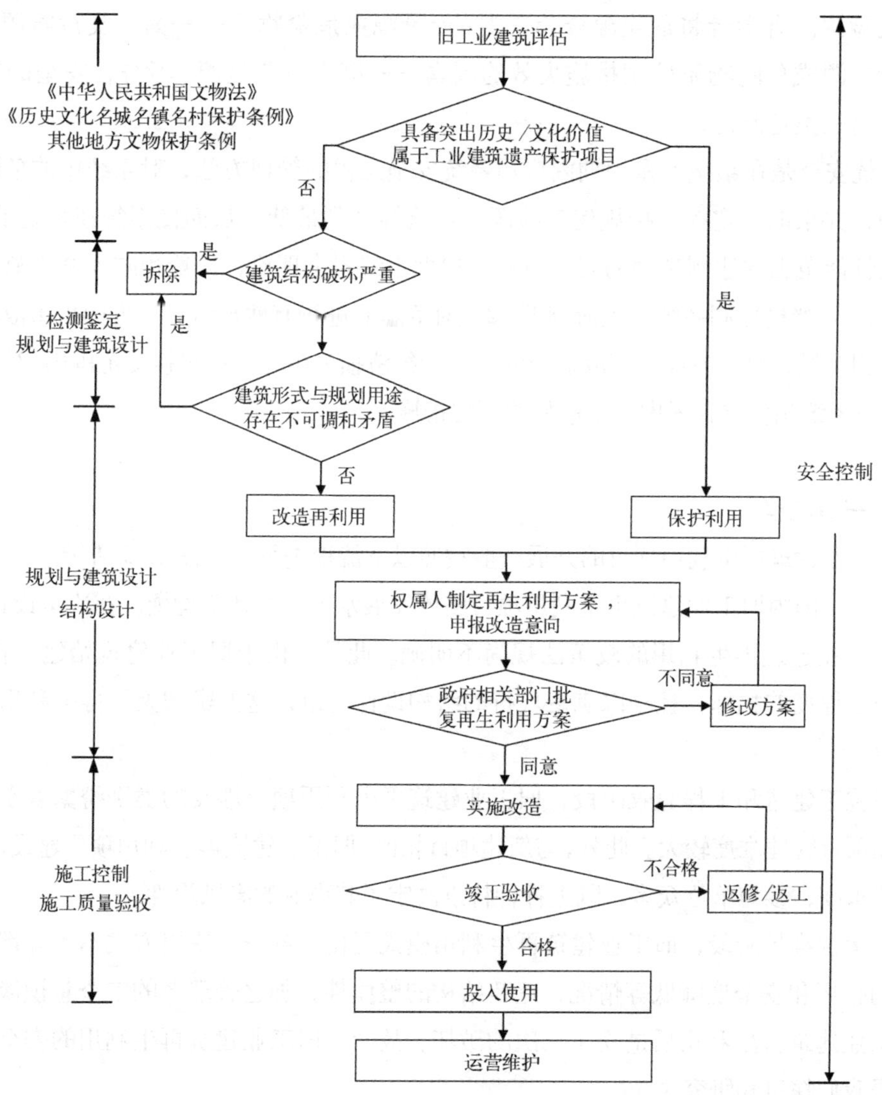

图 1.15　旧工业建筑再生利用项目开展一般流程

安全控制是指通过行之有效的安全控制措施开展安全控制工作，在确保工程项目安全目标实现的前提条件下，满足工程质量、进度、投资等预定目标的要求。也是指通过周密的计划、精心的组织、合理的指挥及有效的监控，确保施工人员的生命财产安全。安全目标必须符合国家有关建设工程的法律、法规、标准、规范及强制性标准的规定，这些规定分别对参建各方提出了注意安全的要求。因此，旧工业建筑再生利用安全目标具有一定的共性，而不受任何部门或外部条件的干扰。该类工程的单一性、特殊性决定了安全目标的个别性，故无统一和固定的格式和标准，但合同条款约定的安全目标必须高于国家和地方的标准。

1）决策设计阶段

依据现行《工业建筑可靠性鉴定标准》GB 50144、《建筑抗震鉴定标准》GB 50023

(a) 建筑单体（华清学院）

(b) 构筑物（东郊城市记忆）

(c) 废弃构件（华清学院）

(d) 废弃设备（西城红场）

图 1.16　旧工业建筑再生利用安全控制基本范畴

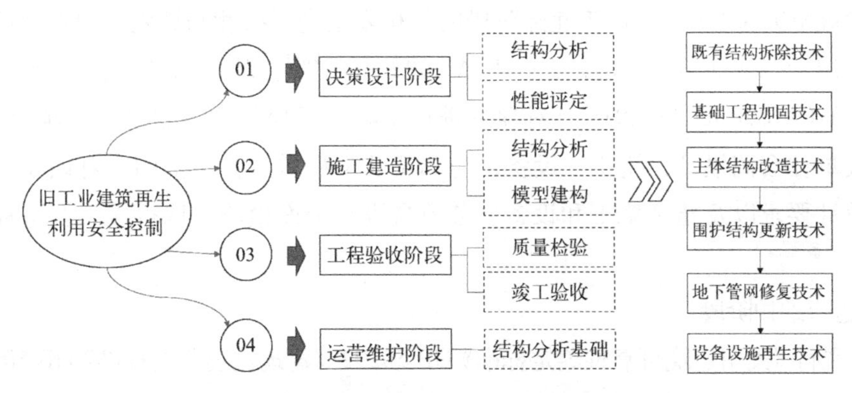

图 1.17　旧工业建筑再生利用安全控制阶段划分

进行结构可靠性检测与评定、抗震性能检测与评定，确保不满足使用要求的结构构件得到加固补强处理，亦为决策提供依据，确保后续使用安全。同时，根据《旧工业建筑再生利用规划设计标准》T/CMCA 2001—2019[5]、《旧工业建筑再生利用实测技术标准》T/CMCA 3001—2019[6]、《旧工业建筑再生利用价值评定标准》T/CMCA 3004—2019[7]、《旧工业建筑再生利用性能评定标准》T/CMCA 40010—2020 对项目再生模式和方案进行设计，并评估项目的可行性。

结构设计包括被加固构件的承载力验算、构件处理和施工图绘制。结构设计要考虑结构加固改造后续使用年限以及设备荷载是否存在变化，对不同的使用要求，加固改造的范围和程度应有所不同，并且应注意新建部分与原结构构件的协同工作（新建部分的应力往往滞后于原结构，结构构造处理不仅要满足新加构件自身的构造要求，还要考虑与原结构构件的连接）。

2）施工建造阶段

根据《旧工业建筑再生利用技术标准》T/CMCA 4001—2017[1]、《旧工业建筑绿色再生技术标准》T/CMCA 4004—2018[8]、《旧工业建筑再生利用安全控制标准》T/CMCA 40011—2020 的规定，遵循安全第一、合理保护的原则，经济、高效地完成旧工业建筑的施工建造任务。旧工业建筑再生利用进行施工过程监测时，宜同步进行施工过程结构分析。施工过程分析结果宜与监测结果对比分析，当发现结构分析模型不合理时，应修正分析模型，并重新计算。现场监测结果受到的影响因素较多，其中有多项因素存在一定的不确定性，如施工过程中的活荷载、地基沉降情况、结构上因日照产生的不均匀温度作用、传感器的漂移、混凝土的收缩与徐变特性等。因此，当监测结果与施工过程模拟计算结果之间存在不一致，应进行分析，查明原因。结构分析结果与设计分析结果有较大差异时，应查明原因，确定处理方案。

3）工程验收阶段

依据现行《建筑结构加固工程施工质量验收规范》GB 50550、《既有建筑地基基础加固技术规范》JGJ 123 对施工建造阶段的结构安全进行检测与评定。根据《旧工业建筑再生利用示范基地验收标准》T/CMCA 4002—2018[9]、《旧工业建筑再生利用工程验收标准》T/CMCA 3003—2019[10] 对项目进行验收。工程验收指建设工程项目竣工后，开发建设单位会同设计、施工、设备供应单位及工程质量监督部门，对该项目是否符合规划设计要求以及建筑施工和设备安装质量进行全面检验，取得竣工合格资料、数据和凭证。

4）运营维护阶段

依据现行《民用建筑可靠性鉴定标准》GB 50292、《建筑抗震鉴定标准》GB 50023、《旧工业建筑再生利用项目管理标准》T/CMCA 3002—2019[11]、《旧工业建筑再生利用运营管理标准》T/CMCA 40012—2020 进行工序质量和施工质量的检测，并对竣工验收的成果进行检测。为项目运营过程中的维修或抢修提供技术支持。

（2）安全控制流程

旧工业建筑再生利用项目的安全控制应贯穿旧工业建筑再生利用全寿命周期，根据图 1.18 所示的流程，满足相应规范条文的要求。

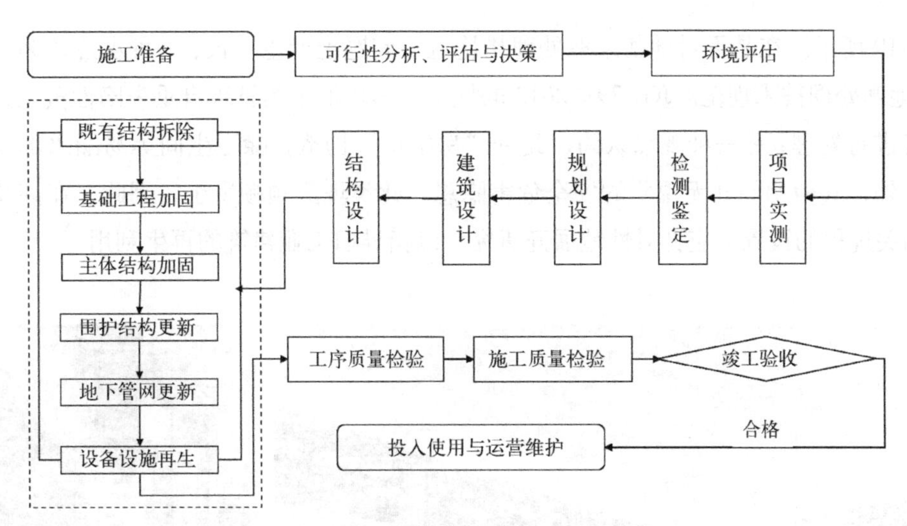

图 1.18　旧工业建筑再生利用安全控制流程

1.2.3　安全控制体系

旧工业建筑再生利用最主要的特点是改变原工业建筑的用途，通过二次设计赋予建筑物新的功能，所以旧工业建筑再生利用的安全管理，具有同其他房屋一样的共有属性，但其独有的特征属性则是现有房屋安全管理体系不能囊括的。这需要将旧工业建筑再生利用安全管理纳入房屋安全管理的大体系内，并针对其特点进行专门研究，以对房屋安全管理进行补充、完善和健全。

（1）标准规范的整合完善

旧工业建筑再生利用安全控制工作是一项技术性、综合性很强的工作，需要从前期检测、设计、施工直至日常使用维护等每个环节加以相应的技术手段为支撑，通过强制性或指导性的技术标准加以规范和引领贯穿始终，才能真正达到安全管理的总目标。因此，应加快整合完善标准规范以适应项目安全控制的需求。应注意以下几个方面：

1）强化建前预防控制，重视建后检测鉴定

目前国内的建筑安全控制总体原则是事后被动解决问题，因此，安全鉴定的技术标准规划与制定的思路是：在出现安全问题或亚安全问题之前，通过鉴定评估判明情况消除隐患，采取有效措施预防事故发生。

因此，技术标准应针对旧工业建筑再生利用的特殊情况进行整合完善，既强化其再生利用改造建设前的安全预防管理，还应重视其改造建成后的实体检测鉴定和动态观测。

2）既重视结构主体，又注重其他配套设置

旧工业建筑的再生利用本质是原有工业厂房的特殊构造经再生利用转为其他用途，很多按原有民用建筑、工业建筑分类制定的结构、消防等安全防范措施无法直接套用，理解不统一，难以执行。例如西安建筑科技大学华清学院一、二号教学楼再生利用方式是将开敞的原厂房拆除原围护墙，在厂房内部新建二层框架结构，进行内部增层处理，如图 1.19 所示。在是否对地基采取处理措施这一问题上产生争议：一种观点认为，按照《建筑地基处理技术规范》JGJ 79—2012 的规定，该场地土为Ⅲ级自重失陷性黄土，需对其地基进行处理；另一种观点认为，此种“房中房”构造，除卫生间等易漏水部位需特殊防护外，其他房间并无湿陷的安全危害隐患。此类现象频频发生，因此，在涉及建筑安全相关规程的设置上应针对性地展开研究，以指导旧工业建筑的再生利用。

(a) 整体外观

(b) 走廊外观

图 1.19 华清学院一、二号教学楼增层改造

3）与技术手段和经济发展同步跟进

随着科技的发展，检测鉴定理论与技术设备都有了长足的进步；随着我国国力的不断增强，单层、多层建筑逐年减少，小高层、高层、超高层、异形、超大体量建筑逐年增多。随着市场经济的发展，建设项目的投资体制、建筑物的经营使用模式也越来越多。这些变化使得目前已有标准不能完全适应房屋安全管理的需求，需要进行必要的研究整理，删除、增补、修订、调整、完善一些条款，加强鉴定技术的规范化、标准化，以适应发展变化。

（2）从业组织的规范管理

包括旧工业建筑在内的老旧建筑物再生利用是未来建筑业的主要业务之一。在欧美发达国家，建筑业市场中维修管理业务所占的份额已达 50% 或接近 50%。以美国为例，自 20 世纪 70 年代起，新建工程市场出现滑坡，而维修改造行业发展日益兴旺，美国劳工部预言，维修工作将是全美最受欢迎的九个行业之一。旧建筑物再生涉及的产业链条比新建工程还长，旧建筑物再生除了同新建工程一样对地勘、设计、建造、监理、装修等行业带来需求外，还对检测鉴定、加固维修行业带来了巨大的市场前景。与此同时，旧建筑物的改造再生对整个建筑业的每一个分支提出了新的要求，未来建筑业要适应建筑市场发展的需求，从业组织的规范化是关键。

1）提高技术人员业务能力

改革开放以来，我国建筑管理体制通过借鉴国际先进经验，逐步建立起适合我国国情并与国际接轨的现代管理体制。地勘、设计、建造、监理、装修等行业也逐步成熟，在技术业务和规范管理上都逐步向国际接轨，但旧建筑物再生的相关业务对上述行业较为陌生。近年来，我国的旧建筑物再生市场虽然在发展，但从业单位和个人对老旧建筑物再生利用仍处于探索阶段，难以形成专业优势。因此，从建筑业的健康发展角度来看，旧建筑物再生技术业务知识的研究学习是适应未来市场的需求的第一要务。

2）规范安全检测鉴定行业

从全国范围看，建筑物安全检测鉴定工作发展不平衡，东部城市快于西部城市。全国还有许多城市尚未建立相应的机构，有的城市虽建立了房屋质量与安全检测鉴定及管理机构，但其性质并非独立机构，其中兼职的技术、管理人员较多。房屋质量与安全检测鉴定机构整体来说人员数量少、技术水平低、检测仪器设备短缺、检测手段较为落后，这些都难以适应目前市场的发展需求。

规范安全检测鉴定行业，以市场化的模式来推进行业的发展，需要政府尽快推行和完善房屋安全鉴定机构的市场准入制度和鉴定人员执业资格制度，并制定相应的建筑物安全检测鉴定机构管理办法，以及参照勘查、规划、设计、监理等取费的模式制定收费指导标准。

3）发展总承包企业

旧建筑再生利用项目的检测鉴定、设计、加固、建造维修等阶段作业关联性强，难以像新建工程一样相互分离。检测鉴定为设计、加固、建造提供依据，并应对其过程、结果进行监督；设计工作大部分是加固设计，而其理论方法与新建工程区别很大。凡此种种，按原有的管理模式对待旧工业建筑的再生利用，存在各式各样的纠纷与盲区，工程项目组织协调困难。因此，推行总承包制度，由总承包企业对旧工业建筑再生利用的检测鉴定、设计、建造统一完成，对推进旧工业建筑再生利用有重要的实际意义，统一的责任有利于提高项目的安全保障。

(3) 其他相关机制的建立

旧工业建筑安全控制是一项系统工程，不能简单地依赖标准规范的出台而实现规范再生的目标。要完善对旧工业建筑再生利用的安全控制，还需要建立相应的信息系统、抢险预警机制，并开展从业人员和民众的安全意识教育，才能形成长效的安全管理体制。

1）旧工业建筑安全控制信息系统

旧工业建筑再生利用的安全控制是全过程的，不仅有决策设计阶段的规划设计和价值评定加以指导，还有施工建造阶段的技术控制与监测防控，以及工程验收阶段的质量验收和运营维护阶段的安全跟踪。信息数据复杂而庞大，包含过程多、延续时间长，必须建立完善的旧工业建筑再生利用安全信息系统进行控制。房屋安全信息系统既是城市安全防灾减灾信息系统的组成部分，还是旧工业建筑再生利用管理系统的重要组成部分。

旧工业建筑再生利用安全信息系统利用数字化地图（GIS 系统）为技术提供支持手段，其中包括旧工业建筑基本信息数据库、各阶段安全评价鉴定报告预警系统、公共信息交流平台等子系统。

旧工业建筑基本信息数据库包括房屋的基础资料，如原建造年代、结构形式、使用用途；建筑再生的建造年代、主要加固改造措施、使用用途（各阶段安全评估结论，使用说明书等）、人员设备资源的配置、现有资源的利用方案等。并根据使用过程中的安全跟踪情况对数据实行动态管理、实时更新。

2）应急抢险机制

将旧工业建筑再生利用项目的日常管理纳入城市防灾减灾应急抢险的管理范围。突发性险情和安全事故的应急抢险、救援工作的即时有效开展可以在事故发生后最大限度地减轻生命财产的损失。旧工业建筑再生利用安全控制应借鉴国外先进的经验，吸取现有科技成果，对多种潜在的安全事故提出适合于旧工业建筑再生利用项目的应急原则和预案，研究各种灾害情况下人员的组织、调度、疏散或逃生安排等，建立科学高效的应急抢险机制。

3）安全科普教育

旧工业建筑再生利用项目安全防范能力的提升，不但取决于专业技术成果的正确设计应用和安全控制机制的建立贯彻，还与广大民众对相关知识的掌握程度有很大的关系。以合适的方式和途径开展旧工业建筑再生利用安全的科普教育，是旧工业建筑再生利用安全控制的关键环节。

安全科普教育可以使民众了解影响旧工业建筑再生利用安全的主要因素，自觉避免并劝阻有害于项目本身的活动，减少房屋的安全隐患、增强建筑结构的耐久性；能够将项目表观异常的现象及时反馈到有关部门或报警，提高再生利用项目安全的日常监管能力；对非安全性问题不会恐慌、讹传，积极配合有关机构对旧工业建筑再生利用项目进行的检测、维修、灾后加固等各项工作，避免纠纷、减少矛盾和维持社会稳定；在事故发生时，能够采用科学、有效的安全措施进行应急，减少生命财产损失。

1.3 旧工业建筑再生利用安全控制发展

1.3.1 发展历程

我国旧工业建筑的再生利用自 20 世纪 80 年代起步，至今可分为三个阶段。因此，国内旧工业建筑再生利用安全控制历程相应地也经历了三个阶段。

第一阶段：20 世纪 80 年代到 90 年代

由于这个时期与旧工业建筑再生利用相关的规范标准的缺失，安全控制实践尚未开始。此时的旧工业建筑再生利用项目多以简单的、自发的、低水平的改造形式出现的，处理旧工业建筑的方式多以拆除为主，在改造过程中部分旧工业建筑受到一定损坏，鲜见再生且利用成功的项目。

第二阶段：20 世纪 90 年代初到 21 世纪初

这一阶段，在我国北京、上海、南京等城市先后有旧工业建筑再生利用的成功实践，以 1990 年 4 月国务院颁发《中华人民共和国标准化法实施条例》为契机，旧工业建筑再生利用项目的安全控制工作进入一个发展时期。例如北京市手表二厂改建为双安商场，上海面粉厂的废弃车间改造为莫干山大饭店等项目，如图 1.20 所示。

(a) 北京双安商场（原北京市手表二厂）

(b) 莫干山大饭店（原上海面粉厂）

图 1.20　早期的旧工业建筑再生利用项目

施工管理者开始有目的、有意识地对改造施工过程的安全问题进行管控，主要以施工流程、施工质量标准化和进行资料存档、技术交底等方式体现。虽然这一时期旧工业建筑再生利用的安全管理有所发展，但由于经济、技术以及价值观念等问题的影响，安全控制工作仍然存在许多问题。例如现场施工人员的安全意识不强，存在安全控制工作流于形式的问题；相关监管部门安全意识淡薄，不重视对施工安全的监管，存在监管不到位、监管不及时的问题。总之，这一阶段的旧工业建筑再生利用安全控制工作相比较上一阶段有较快的发展，但不全面、不严肃、不重视的问题仍然十分严重。

第三阶段：21 世纪初至今

2000 年之后，随着各地逐渐认识到旧工业建筑的历史及文化价值，旧工业建筑再生利用的实践成果也愈发成熟。除北京和上海作为旧工业建筑再生利用的先锋城市外，其他大中城市如广州、深圳、天津、南京、沈阳等也陆续出现了相关的开发项目。例如 2000 年昆明的“创库”艺术中心、2001 年中山的岐江公园、2002 年长春的一汽厂区再生利用项目、2003 年沈阳的低压开关厂再生利用项目等，如图 1.21 所示。

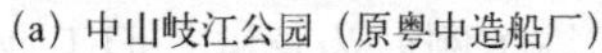
(a) 中山岐江公园（原粤中造船厂）

(b) 华侨城 OCT（原华侨城工业区）

(c) 广州太古仓码头再生利用项目

(d) 长春一汽厂区再生利用项目

图 1.21　旧工业建筑再生利用项目

这一阶段，我国政府加大力度，着重解决生产过程的安全问题。2002 年全国人大常委会颁发了《中华人民共和国安全生产法》；2003 年，建设系统又出台了《建设工程安全生产条例》，并陆续出台了一系列法规、标准，使我国标准化工作逐步走上了依法管理的阶段。目前，我国已经制定、颁发和施行了多部从国家级、行业级到团体级不等的建筑施工安全标准，这些建筑施工安全标准是旧工业建筑再生利用安全控制的有力支撑。除此之外，在大量改造实践进行的同时，一些科研院所和机构开始对此类活动进行总结和研究，理论和实践逐步结合。由此，旧工业建筑再生利用项目安全控制工作进入一个新的高速发展阶段。国内近几年也颁布了多项针对具体城市的旧工业建筑特点而制定的法规政策，对于全国旧工业建筑再生利用法规和政策建设具有一定的指导作用。但是总体来说，国内对旧工业建筑再生利用安全控制仍然重视不够。

1.3.2　现状分析

旧工业建筑再生利用逐渐成为一个新兴的建筑发展方向，旧工业建筑再生利用的安全控制却是一个新兴课题。旧工业建筑再生利用安全控制不仅包括主体结构本身改造的安全，还包括既有结构拆除的安全、基础工程加固的安全、围护结构更新的安全、地下管网修复的安全以及设备设施更新的安全。

然而，与房屋改变使用功能的安全管理相关的规定分散于《物业管理条例》《城市房屋修缮管理规定》《城市抗震防灾规划管理规定》《城市居民住宅安全防范设施建设管理规定》等法规条文中。目前各个地区的房屋管理规定大都也涉及房屋安全的相关内容，如结构性安全检查、装修管理等，但各地规定涵盖的范围并不一致。

近年来，课题组致力于旧工业建筑再生利用的科研与实践工作多年。针对旧工业建筑再生利用活动的各个阶段进行了深入研究，编制系列标准十余部。因此，本文以《旧工业建筑再生利用技术标准》T/CMCA 4001—2017 系列标准为参照，开展安全控制与管理工作的探讨。

1.3.3　发展瓶颈

近二十年来，全国范围内正掀起一股旧工业建筑再生利用热潮，大批废弃厂房摇身一变成为了城市小地标。然而，大规模的改扩建之下，旧工业建筑再生利用建设管理方迫切追求项目建成后经济效益，其中的安全问题并未引起足够的重视，导致旧工业建筑再生利用的发展进入了瓶颈期。

1）人员安全意识淡薄

旧工业建筑再生利用项目的安全管理工作不但具有新建建筑施工安全管理的特点，且不同的旧工业建筑结构均存在着较大差异，因此必须全方位、全过程的把控。一方面，管理人员制定安全生产方案、签订责任书、记录表格等工作流于表面，使得本应贯彻的安全生产工作严重滞后失管，隐患频频发生。另一方面施工作业人员忽视旧工业建筑自身特殊的施工条件，无法做到按规定配备安全防护用品，从认识上忽视了安全生产在项目发展中发挥的决定因素。

2）监管体系不到位

旧工业建筑再生利用涉及多方的利益，需要成立专门机构对再生过程进行协调和监督，构建旧工业建筑再生利用监督系统，以此来保障科学合理地进行再生工作。此种做法既能监督开发商的再生行为，同时对原企业单位也具有约束作用，可防止改造的政策建议受到职工恶意阻挠，以合法合规的方式保证项目的顺利进行。同时，政府可以聘请专业机构对项目进行安全评估，建立集中统一的监管信息平台，完善信息披露制度和通报制度，考察监督再生成果，使整个再生过程公平合理。

3）机械设备适应性差

旧工业建筑再生利用项目施工环境封闭、狭窄，不利于施工机械设备的操作和运转。同时，施工机械有结构上或制造上的缺陷，机械设备零部件磨损或老化，现场存在危险物（如未有效减速的车辆）和有害物（如高温沥青混凝土），安全设施及装置失效，人员设备的防护用品有缺陷，施工材料的堆放不合理等。由于机械设备的固有属性（是能量的载体或本身就是危害物质）而具有潜在破坏或是伤害能力，成为导致事故发生的直接原因之一。

4）技术体系不完善

旧工业建筑再生利用项目流程复杂，涉及的技术工艺繁多。施工过程中的方法包含整个建设周期内所采取的技术方案、工艺流程、组织措施、检测手段、施工组织设计等。施工方案正确与否，施工技术选取是否合理，直接影响工程质量和安全控制能否顺利实现。往往由于施工方案考虑不周而拖延进度，影响质量，增加投资。

5）施工环境特殊

由于旧工业建筑使用年限较长，施工场地水文条件变化情况，如地下水位、降水、潜水的位置是否上移等问题，严重影响了建筑物基础的稳定性；而旧工业建筑遗留工业污染物如重金属、有机物等有害物质若处理不彻底，也会直接影响施工环境的安全和健康，对施工作业人员与建筑物的安全造成二次伤害。

第2章 旧工业建筑再生利用安全施工技术

旧工业建筑再生利用项目的施工活动作为土木工程学科内的一种较为特殊的施工方式，其全寿命周期的施工流程、施工技术、安全控制要点均有别于传统新建建筑工程。本章结合旧工业建筑再生利用的特点，按照项目的施工逻辑将其施工技术分为以下六个方面进行阐述：既有结构拆除技术、基础工程加固技术、主体结构改造技术、围护结构更新技术、地下管网修复技术、设备设施再生技术，如图2.1所示。

(a) 既有结构拆除 (b) 基础加固 (c) 主体结构更新

(d) 主体结构改造 (e) 地下管网修复 (f) 地下管网更新

(g) 围护结构更新 (h) 设备设施再生 (i) 设备设施修复

图2.1 旧工业建筑再生利用主要施工内容

2.1 既有结构拆除技术

2.1.1 相关概念

随着我国城市现代化建设的加快，老旧建筑拆除工程也日益增多。拆除物的结构也从砖木结构发展到了混合结构、框架结构、板式结构等，从房屋拆除发展到烟囱、水塔、桥梁、码头等建（构）筑物的拆除，如图 2.2、图 2.3 所示。

图 2.2　烟囱拆除施工

图 2.3　水塔拆除施工

2.1.2　结构拆除施工内容

随着时代变化和社会经济发展水平的提高，既有结构拆除是城市发展建设必经的一环。相较于其他工程，拆除工程施工工期短，流动性大，作业隐患多。相应的，其分类方法复杂多样，如表 2.1 所示。

结构拆除施工内容　　表 2.1

分类依据	类别	内容
按标的物	民用建筑拆除	非生产性的居住建筑和公共建筑，如住宅、写字楼、食堂等
	工业建筑拆除	从事各类生产活动的建筑物和构筑物，如烟囱、水塔、厂房等
	地基基础拆除	以地基为基础的房屋的墙或柱埋在地下的扩大部分
	机械设备拆除	机械设备种类繁多，如化工机械、炼油机械等
	工业管道拆除	工业（石油、化工、轻工、制药、矿山等）企业内所有管状设施
	电气路线拆除	电气设备之间连接、传输电能的导线等，如高压传输线路，弱点控制等
	施工设备拆除	正在筹划建设中的某一工程项目或某一项目所涉及的各种设备，如推土机、模板支架等
按拆除程度	全部拆除	如酒店、宾馆拆迁工程，是整栋楼房的拆除
	部分拆除	局部或室内部分的拆除。如机电设备、通风设备、消防设备、地板等
按空间位置	地上拆除	地上建造的一切建筑物（如平房、楼房及附属房屋等），构筑物（如水塔、水井、桥梁等）的总称
	地下拆除	地下建筑物、地下障碍物及采暖管线等
按被拆除物利用程度	毁坏性拆除	以完全拆除为目的，将拆除物直接等同于建筑垃圾对待。如利用炸药爆破拆除等
	拆卸	在拆卸过程中，根据零部件结构关系进行拆卸，拆卸后还可进行回用

续表

分类依据	类别	内容
按施工动力	人工拆卸	凭工人用体力，借助简单的操作工具对建筑物实施解体、破碎
	机械拆除	依靠大型机械（如镐头机、挖掘机等）对建筑物实施破碎
	爆破拆除	利用炸药在爆炸瞬间产生的高温、高压气体对介质做功，对建筑物进行破碎性或倾覆性拆毁
	静力拆除	在需要拆除的构件上打孔，装入胀裂剂，待胀裂剂发挥作用后将混凝土胀开
按结构形式	排架结构	主要用于单层厂房，由屋架、柱子和基础构成横向平面排架，是厂房的主要承重体系，再通过屋面板、吊车梁、支撑等纵向构件将平面排架联结起来，构成整体的空间结构
	框架结构	许多梁和柱共同组成的框架来承受房屋全部荷载的结构。高层的民用建筑和多层的工业厂房，砖墙承重已不能适应荷重较大的要求，往往采用框架作为承重结构
	砖混结构	指建筑物中竖向承重结构的墙采用砖或者砌块砌筑，构造柱以及横向承重的梁、楼板、屋面板等采用钢筋混凝土结构
	砖木结构	竖向承重结构的墙、柱等采用砖或砌块砌筑，楼板、屋架等用木结构，多用于民用建筑

2.1.3　结构拆除施工技术

常见的结构拆除技术有人工拆除、机械拆除、爆破拆除、静力破碎拆除，以上技术在旧工业建筑再生利用项目施工过程中得到了广泛的应用，如图 2.4 所示。

（a）机械拆除

（b）人工拆除

图 2.4　大华 · 1935（原大华纱厂）

（1）人工拆除

人工拆除是最原始、最常见的施工方法，是依靠手工加上一些简单的工具（如钢钎、锤子、风钻、手扳葫芦、钢丝绳等），主要靠锤敲、棍撬，凭工人用体力对建筑物实施解体、破碎来达到拆除的目的，如图 2.5 所示。这种方法是许多城市在建筑物拆除中主要的施工方法，适宜拆除砖木结构、混合结构以及上述结构的分离和部分保留的拆除项目。人工拆除可以精心作业，易于保留部分建筑物。但拆除过程中施工人员必须亲临拆除点操作，劳动强度大，受天气影响大，拆除速度慢。如图 2.6 所示，人工拆除通常需要进行高空作业，危险性大，因此人工拆除是拆除施工方法中安全性较差的一种方法。

图 2.5　人工拆除墙

图 2.6　人工拆除烟囱

（2）机械拆除

机械拆除是依靠大型机械（如镐头机、挖掘机等）对建筑物实施破碎。它最早用于市政工程对混凝土路面的破碎、桥梁拆除和地面除障，近年来，才用于对房屋的拆除。机械拆除适用于混合结构、框架结构、板式结构等高度不超过 30m 的建筑物及各类基础和地下构筑物的拆除，如图 2.7、图 2.8 所示。

机械拆除无需人员直接接触作业点，故安全性好。机械施工速度快，可以缩短工期，但它进行作业时扬尘较大，必须采用湿式作业法。需要部分保留的建筑物也不可直接拆除，必须人工分离后方可拆除。

图 2.7　破碎机拆除施工

图 2.8　挖掘机拆除施工

（3）爆破拆除

爆破拆除是利用炸药在爆炸瞬间产生的高温、高压气体对介质做功，对建筑物进行破碎性或倾覆性拆毁。爆破拆除的主要目的是拆毁建筑物，如烟囱的定向爆破拆除；爆破拆除也可以用于清除障碍物，如地下残留建筑物基础的清除。爆破清障，多采用无声爆破，也叫松动爆破，在对周围环境没有影响的情况下，使被清除物体破碎，达到便于清理运输的目的，如图 2.9、图 2.10 所示。爆破拆除适用于混合结构、框架结构、钢混结构等各类超高建筑物及各类基础和地下构筑物的拆除。尽管现在机械拆除能力很强，但很多高层建筑物的拆除仍以爆破拆除为主。

由于爆破前施工人员不进行有损建筑物整体结构和稳定性的操作，所以人身安全最有保障。由于爆破拆除是一次性解体，所以扬尘、扰民较少。

图 2.9　冷却塔爆破拆除

图 2.10　烟囱爆破拆除

（4）静力破碎拆除

静力破碎拆除是在需要拆除的构件上打孔，装入胀裂剂，待胀裂剂发挥作用后将混凝土胀开，再使用风镐或人工剔凿的方法剥离胀裂的混凝土，如图 2.11 所示。用于静力破碎的胀裂剂通过水化反应产生静压，使物体胀破，以达到拆除结构的目的，这是近年来开始应用的一项新技术。这种方法技术操作简单，使用安全，可以减少对周围结构扰动，降低施工噪声，但它的成本较高、威力较小、施工周期长。值得注意的是，胀裂剂是弱碱性混合物，具有一定腐蚀性，对人体也会产生危害。

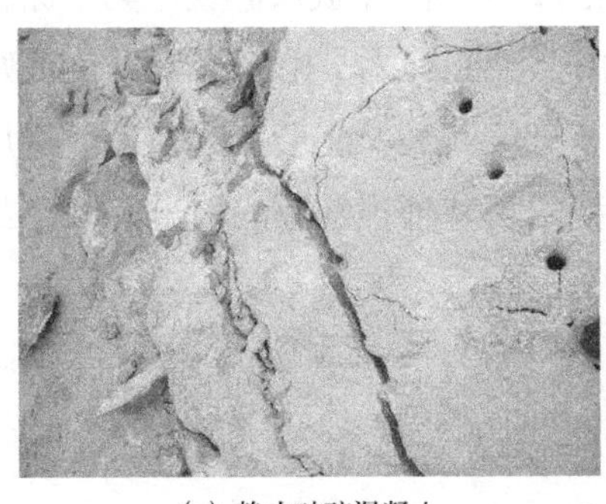

(a) 静力破碎混凝土

(b) 静力破碎岩石

图 2.11　静力破碎施工

2.2 基础工程加固技术

2.2.1 相关概念

基础是建筑物和地基之间的连接体，从平面上可见，竖向结构体系将荷载集中于点，或分布成线形，但作为最终支承结构的地基提供的是一种分布的承载力，如图 2.12 所示。因此需要基础将建筑物竖向体系传来的荷载传递给地基，其加固施工也同样至关重要。

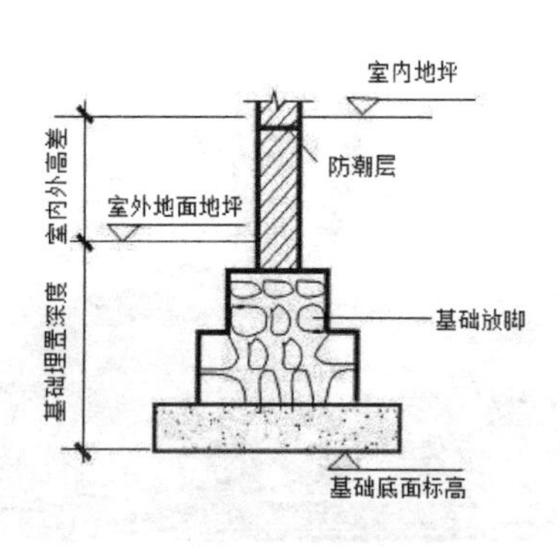

图 2.12 基础示意图

图 2.13 基础加固施工

旧工业建筑普遍存在结构耐久性不足、管理使用不当、年久失修而致结构损伤破坏的情况，不能满足当前使用安全度，需进行检测鉴定和加固处理，如图 2.13 所示。近年来，我国建筑施工技术发展迅猛，在桩基技术、地基处理技术、基坑及边坡支护技术方面，取得了显著进步和突破性进展。我国沿海地区软土地基处理技术也从解决一般工程地基处理向解决各类超软、深厚、高填方等大型地基处理和多种方法联合处理方向发展，同时在天然地基的合理利用方面，开发了复合地基和复合桩基技术。

在地基基础加固、事故处理中有很多成功案例：苏州虎丘塔的加固（周围桩排式地下连续墙、钻孔注浆和树根桩加固基础），如图 2.14 所示；武汉碎铁厂第一原料场栈桥基础加压纠偏工程则是国内第一个采用锚杆加压纠偏的工程；由同济大学负责处理的上海电化厂 2 号盐仓地基下沉、墙体开裂、局部基础梁断裂、变形事故，采用将片筏基础改成箱形基础加强基础刚度的加固方法，同时挖除板基外挑部分的填土进行卸载处理，加固效果良好，重新投入使用。

2.2.2 基础加固施工内容

（1）基础缺陷致因分析

一方面是工业建筑由于勘察、设计、施工或使用不当，造成既有建筑开裂、倾斜或损坏，

(a) 虎丘塔改造工程

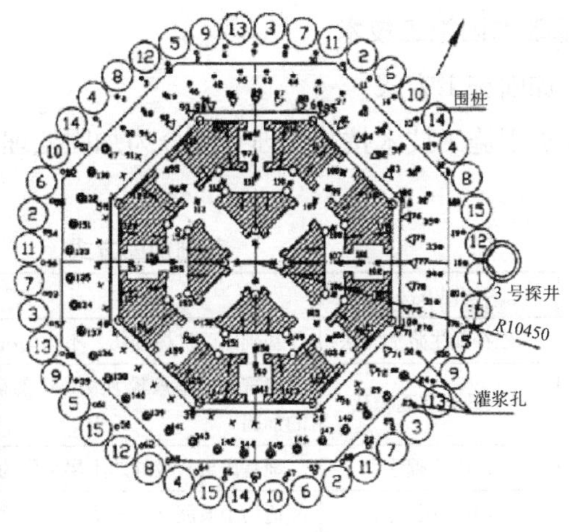

(b) 围桩、灌浆示意图

图 2.14　虎丘塔加固施工

而需要进行基础加固。这在软土地基、湿陷性黄土地基、人工填土地基、膨胀土地基和土岩组合地基中较为常见。

另一方面则是由于原有工业建筑使用功能改变，需要进行基础加固，如增层、增加荷载、改建、扩建等。其中办公楼常以增层改造为主，且由于增加层数较多，故常采用外套结构，增层荷载由独立于原结构的新设梁、柱、基础传递；公共建筑一般因增加使用面积或改善使用功能而进行增层、改建及扩建，如会堂、影院等。且旧工业建筑多为单层工业厂房和多层工业建筑，由于产品的更新换代，曾进行设备更新，并对原生产工艺进行改造，会引起荷载的增加，造成原有结构和地基基础承载力不足。周围环境改变也是造成基础缺陷的重要原因之一，如地下工程施工、邻近工程施工以及深基坑开挖等工程都可能对既有建筑产生影响。

(2) 施工原则

当建筑物地基下有新建地下托换工程时，应尽快将荷载传递到新建的托换工程上，使建筑物基础沉降获得稳定。且基础加固工程一般应分区、分段进行。在任何情况下，都应在一部分被加固后，方可进行另一端的加固施工；加固范围逐步扩大。此外，应制定具体、经济、合理、切实可行的基础加固方案，务必认真细致地对工业建筑上部结构的病因进行分析，以便采取可靠的加固技术措施。

基础加固是一项难度大、技术性强的工作，实施前、实施过程中以及实施后均要做好各项工程技术监测工作。具体内容包括：设置基准点、埋设观测标志、在沿裂缝位置标出裂缝开展日期、准备观测仪器、对建筑物沉降和倾斜做好定期观测等。并将以上所述监测内容作为基本依据，评定加固工程的质量与加固效果是否合格，判断加固方案的正确性。

2.2.3 基础加固施工技术

（1）加固施工方式

基础加固施工技术按其原理可划分为加固处理、托换、加深三种方式，如表2.2所示。

基础加固方式 表2.2

加固方式	使用方法	适用情形
加固处理	基础补强注浆加固法	基础因受机械损伤，不均匀沉降，冻胀或其他影响而引起的基础裂损的加固
	扩大基础底面积法	建筑的地基承载力或基础底面积尺寸不满足设计要求，或基础出现破损、裂缝时的加固
	加深基础法	地基浅层有较好的土层可作为基础处理层，且地下水位较低
托换	锚杆静压桩法	适用于淤泥、淤泥质土、黏性土等较软弱地基上的基础托换加固
	坑式静压桩法	适用于淤泥、淤泥质土、黏性土等较软弱地基上的基础加固、历史建筑的整修、地下穿越既有建筑工程的加固
	桩式托换法	同坑式静压桩法
	树根桩法	适用碎石土、砂土、粉土、黏性土、湿陷性黄土和岩石等各类地基土
加深	基础加深法	适用于地基浅层有较好的土层可作为持力层且地下水位较低的情况

旧工业建筑经过长期使用，常因基础底面积不足而使地基承载力或变形不满足规范要求，从而导致建筑物主体开裂或倾斜。或者由于基础材料老化、浸水、地震或施工质量等因素的影响，原有地基基础已显然不再满足使用需求，此时除需要对地基处理外，还应对基础进行加固处理，常使用的加固处理方法有增大基础支承面积、加强基础刚度、增大基础的埋置深度等方法。该类方法广泛应用于工程实践项目中，如天津某电子元件车间基础加固项目，如图2.15所示；青岛市某生产车间基础加固项目，如图2.16所示，均取得了良好的效果。

图2.15 天津某电子元件车间基础加固项目（基础补强注浆加固法）

图2.16 青岛市某生产车间基础加固项目（扩大基础底面积法）

基础托换技术是为解决既有建筑的地基基础承载力不足，既有建筑增层、改建或纠倾，新建建筑对既有建筑影响，既有建筑下修建地下工程（如地铁等）等问题而采用的技术总称，广泛应用于既有建筑的增层、改建或纠倾，如昆钢焦化厂焦三转运站加固工程、南市某变压器厂加固工程，如图 2.17、图 2.18 所示。按照不同的分类方法，托换技术有多种分类，若按照托换方法进行分类，常用的施工技术有：锚杆静压桩法、坑式静压桩法、桩式托换法、树根桩法。

图 2.17　昆钢焦化厂焦三转运站加固工程

图 2.18　南市某变压器厂加固工程

原地基承载力和变形不能满足上部结构荷载要求时，除采用上述两种方法外，还可将基础落深在较好的新持力层上，即加深基础法，又称为墩式托换或坑式托换法。加深基础法适用于地基浅层有较好的土层可作为基础持力层，且地下水位较低的情况。若地下水位较高，则应根据需要采取相应的降水或排水措施。由于该工法施工质量的可靠性和技术的优越性，故其在很多既有建筑基础加固工程中得到应用。特别在完成难度很大的工程中，显示出了无比的优越性。

(2) 加固施工流程

基础加固施工一般流程如图 2.19 所示。

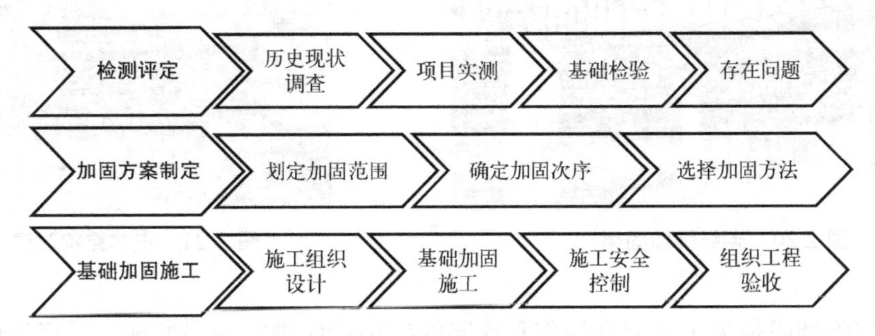

图 2.19　基础加固施工流程图

1) 检测评定

调查既有建筑的基础情况，主要包括历史情况调查和现状调查。其中工业建筑的基础检验主要包括：收集基础、上部结构和管线设计施工资料和竣工图；现场调查工程实际情况，如通过开挖探坑验证基础类型、材料、尺寸及埋置深度，检查基础开裂、腐蚀或损坏程度等具体信息；对于已出现倾斜的建筑应查明基础的倾斜、弯曲等情况；对桩基应查明其入土深度、持力层情况和桩身质量。

2）方案制定与加固施工

依据基础存在的问题划定相应的加固构件范围，确定相应的加固顺序，并选择合适的加固方法。施工过程中既要遵循相关质量管理体系的要求，也要根据其在所承建工程项目质量控制系统中的地位和责任，编制具体的施工组织方案与进度计划，对项目实施过程中产生的每个工序的实体工作进行检查、汇总、统计、澄清，实现施工全过程的质量与安全控制。在竣工验收阶段，及时提交质量验收报告和项目验收技术资料，得出项目最终的、整体的质量结果，为后续施工奠定坚实的基础。

2.3 主体结构改造技术

2.3.1 相关概念

主体结构是基于地基与基础之上，接受、承担和传递建设工程所有上部荷载，维持上部结构整体性、稳定性和安全性的有机联系的系统体系。它和地基基础一起共同构成建设工程完整的结构系统，是建设工程安全使用的基础，是建设工程结构安全、稳定、可靠的载体和重要组成部分。主体结构更新也是旧工业建筑再生利用的重中之重。为满足再生利用全过程的安全需求和功能需求，主体结构更新主要分为加固、改建两部分。

图 2.20 碳纤维加固梁

图 2.21 主体结构改建施工

主体结构加固是为了对存在损伤和缺陷的结构构件进行补强处理，对可靠性不足或业主要求提高可靠度的承重结构、构件及其相关部分采取增强、局部更换或调整其内力等措施，使其具有现行设计规范及业主所要求的安全性、耐久性和适用性，保证其后续使用或改建过程中的安全，如图 2.20 所示。

旧工业建筑原有的生产功能或外观形态已不能满足社会经济发展的需要，而其自身具有存在价值，此时为了使其满足当前的新需求和新形态，应进行主体结构改建，如图 2.21 所示。具体表现为对废弃的或即将废弃的工业建筑通过结构改造与建筑外观装饰，改变其内部布局与建筑形态而满足其他功能的建造活动。从根本上说就是，旧工业建筑的再生利用即为通过新技术、新材料对既有工业建筑的外部形态和内部空间进行调整、更新，将工业建筑由原有的生产功能载体转变为其他使用功能的载体，是延长建筑生命周期的一种应对策略。

2.3.2　主体结构加固技术

主体结构加固的方法有很多，包括混凝土结构加固、砌体结构加固和钢结构加固等。不同材料的结构有不同的加固需求，其加固方法也不尽相同，常用加固方法详见表 2.3 ~ 表 2.5。

混凝土结构加固技术主要分为直接加固与间接加固两类。其中直接加固技术是直接通过提高结构构件或节点承载力实现加固，例如增大截面法、置换混凝土法、外包钢法、粘钢法、粘结纤维复合材料法等；间接加固技术是针对结构整体，通过减小或改变构件内力实现加固，例如外加预应力法或增设支点法等。除此之外，还包括与加固相配合使用的技术，例如植筋技术、锚栓技术、裂缝修补技术、托换技术、化学灌浆技术等。

混凝土结构加固技术　　表 2.3

加固方法	主要特点	适用范围	施工要点
增大截面法	1. 施工工艺简单 2. 适应性强 3. 现场湿作业时间长 4. 影响空间	梁、板、柱、墙等一般构件	1. 加固前的卸荷处理 2. 连接处的表面处理 3. 新增层施工
置换混凝土法	1. 施工工艺简单 2. 适应性强 3. 现场湿作业时间长 4. 不影响空间	受压区混凝土强度偏低或有严重缺陷的梁、柱等构件	1. 加固前的卸荷处理 2. 去薄弱混凝土层及表面处理 3. 浇筑新层
外包钢法	1. 施工工艺简单 2. 受力可靠 3. 现场作业时间短 4. 对空间影响较小 5. 用钢量较大	1. 受空间限制的构件且需大幅提高承载力的混凝土构件 2. 无防护的情况下，环境温度不宜高于 60℃	1. 加固前的卸荷处理 2. 安装型钢构件 3. 填缝处理
外加预应力法	1. 施工工艺简便 2. 能有效降低构件的应力 3 提高结构整体承载力、刚度及抗裂性 4. 对空间的影响较小	1. 大跨度或重型结构的加固 2. 处于高应力、高应变状态下的混凝土构件的加固 3. 无防护的情况下，环境温度不宜高于 60℃ 4. 不宜用于混凝土收缩徐变大的结构	1. 在需加固的受拉区段外面补加预应力筋 2. 张拉预应力筋，并将其锚固在梁（板）的两端

续表

加固方法	主要特点	适用范围	施工要点
增设支点法	通过增设支撑体系或剪力墙增加结构的刚度，改变结构的刚度比值，调整原结构的内力，改善结构构件的受力状况	用于增强单层厂房或多层框架的空间刚度，提高抗震能力	通过力学分析，增设相应构件，改变结构的刚度，调整内力，从而起到加固的作用
粘钢（碳纤维）法	1. 施工工艺简便，快速 2. 现场无湿作业或仅有抹灰等少量湿作业 3. 对空间无影响	承受静力作用且处于正常温度环境中的受弯或受拉构件的加固	1. 被粘混凝土和钢板表面的处理 2. 卸载、涂胶粘剂、粘贴及固化
改变结构传力途径法	1. 施工工艺简便 2. 能有效降低构件的应力 3. 能减小构件变形	净空不受限的梁、板、桁架等构件	1. 确定有效传力途径 2. 增设支承

砌体结构加固技术主要分为构件加固与整体性加固两类，其中构件加固技术是直接针对结构构件或节点承载力提高的加固，例如钢筋（或钢筋网）水泥砂浆面层加固法、增大截面法、注浆或注结构胶法；整体性加固技术则用于当建筑整体性不满足要求时的加固，可采取增设抗震墙或外加圈梁、混凝土柱等方法，例如增设结构扶壁柱法等。

砌体结构加固技术 **表 2.4**

加固方法	主要特点	适用范围	施工要点
扶壁柱加固法	1. 工艺简单 2. 适应性强 3. 提高的承载力有限 4. 影响使用空间 5. 现场湿作业时间较长	非抗震地区的柱、带壁墙	1. 加固前卸载 2. 在加固部位增设混凝土柱，并与原构件可靠连接
钢筋（或钢筋网）水泥砂浆面层加固法	1. 工艺简单 2. 适应性强 3. 有效提高承载力 4. 影响使用空间 5. 现场湿作业时间较长	墙体承载力、刚度及抗剪强度不够	1. 加固前卸载 2. 剔除砖墙表面层 3. 铺设钢筋网 4. 喷射混凝土砂浆或细石混凝土
增大截面法（混凝土层加固和外包钢加固）	1. 工艺简单 2. 适应性强 3. 有效提高承载力 4. 影响使用空间 5. 现场湿作业时间较长	受弯的柱、带壁墙	1. 砌体表面处理——将砌体角部每隔 5 皮打掉一块 2. 采用加固措施保证两者协同作用
注浆或注结构胶法	1. 显著提高砖柱承载力 2. 工艺操作简单	砖柱	表面处理→安装灌浆嘴排气口→封缝→密封检查→配制胶料→压力灌注→封口→检验

钢结构加固技术根据加固对象的不同可分为钢柱的加固、钢梁的加固、钢屋架或托架的加固、吊车梁的加固、连接和节点的加固、裂缝的修复和加固等。根据损害范围可分为两大类：一是局部加固，一般只对某些承载能力不足的杆件或连接节点进行加固；二是全面加固，是针对整体结构进行加固。总体来说，钢结构常用的加固技术包括改变结

构计算简图加固、增大构件截面加固、加强连接加固及裂纹的修复与加固等。

钢结构加固技术　　表 2.5

加固方法	主要特点	适用范围	施工要点
改变结构计算简图	1. 增设杆件和支撑，改变荷载分布状况、传力途径、节点性质和边界条件 2 考虑空间协同工作 3. 影响使用空间 4. 用钢量增加	钢柱、钢梁	严格按加固设计要求进行施工
增大构件截面	1. 施工方便 2. 适用性较好 3. 可负荷状态下加固	钢梁、钢柱、桁架杆件	直接将加强部分焊于原有构件上即可，但需注意构件是否具备可焊性、同时对受拉杆件不宜采用焊接

2.3.3　主体结构改建技术

旧工业建筑再生利用主体结构改建的基本形式包括外接、增层、内嵌、下挖，其中外接又分为独立外接和非独立外接，增层又分为内部增层、上部增层和外套增层等情况。对旧工业建筑以何种形式进行改建，应根据其建造年代、破损程度、结构情况、抗震设防烈度、场地地质情况、检测评定结果及使用要求等做出判断。一般来说，结构改建形式的确定，需要从扩大使用面积、节省用地和投资方面出发，并对旧工业建筑进行可行性研究，分析其经济效益、社会效益、环境效益等多方面因素。

（1）外接

外接，即为原建筑结构的局部扩建，在原建筑结构周边进行加建一定数量的局部建筑、构筑物或附属设施。主要包括独立外接和非独立外接两种形式，前者与原结构相互分离，没有连接或搭接；后者与原结构有部分的连接或搭接，如天津意库创意产业园项目、广州信义会馆项目，如图 2.22、图 2.23 所示。

图 2.22　天津意库创意产业园

图 2.23　广州信义会馆

对于旧工业建筑再生利用非独立外接的改建形式，在施工过程中的关键部分是新建筑与既有建筑之间的节点处理。目前常用的类型包括钢结构与混凝土结构的连接，钢结构与钢结构连接等。

1）钢梁与钢筋混凝土柱连接

在新增钢结构时，难免会遇到新增钢结构与既有的混凝土柱连接。二者连接后，混凝土柱的受力面积增大，然而由于原有旧工业建筑建造年代久远，无法确定混凝土柱的承载能力。对于这种情况，对梁柱连接处应进行特别的处理。既有混凝土柱紧挨工字型钢柱，钢梁与钢柱的连接方式为铰接，这样钢柱就只承受钢梁传递的轴力，并不承担弯矩。在沿着混凝土柱的长度方向，每隔一定距离就植入钢筋，使其与既有混凝土柱连成一体，钢柱便可以通过柱脚栓与原有钢筋混凝土柱的承台相连接。

2）钢梁与钢筋混凝土梁连接

在对这两者进行连接的时候，复核钢筋混凝土的承载力是首先要考虑并予以解决的问题。其主要连接方式也为铰接，通过使用钢梁的连接螺栓和钢筋混凝土的锚栓，使钢梁与钢筋混凝土梁连接起来。

3）钢构件与钢构件连接

一般来说，钢结构之间的连接方法包括焊接、普通螺栓连接、高强度螺栓连接和铆接。由于是新老钢结构直接连接，因此通常采用螺栓连接。

（2）增层

增层，是主体结构最常见的一种改建方式，是在原建筑结构上部或内部进行加层，包括上部增层、内部增层与外套增层。

1）上部增层

上部增层，即在原建筑的主体结构上直接加层，充分利用既有工业建筑结构及地基的承载力，直接在旧工业建筑的主体结构上加高，新增荷载部分或全部由原有旧工业建筑的基础、墙、柱来承担，如鞍山钢铁集团公司机关办公大楼扩建工程、西建大华清学院图书馆项目，如图 2.24、图 2.25 所示。因此，此种改建方式要求原有旧工业建筑承重结构保留完好，且具有一定承载潜力。

图 2.24 鞍山钢铁集团公司机关办公大楼（砖石混凝土结构）

图 2.25 西建大华清学院图书馆（钢框架结构）

上部增层改造将现代结构技术适当地应用于工程中，其施工关键技术在于使增层部分与原有结构有机结合。需尽量使空间划分与原有旧工业建筑的结构体系一致，隔墙应尽量落在原有旧工业建筑梁柱位置，房屋中的设备设施及上下水管、燃气、暖气、电气设备的布局要考虑原有系统的布局和走向，且应选用相似材料，保证增层部分建筑的风貌与外形与既有建筑一致。

2）内部增层

内部增层，即在原建筑内部增加楼层或加层，将新增的承重结构与原有结构连在一起共同承担增层施工后的总竖向荷载及水平荷载。在旧工业建筑室内增加楼层或夹层，可以在保留建筑屋盖及外墙等结构的同时，充分利用既有建筑室内空间，满足新的功能需求，如沈阳 1905 创意产业园项目、杭州 Loft49 创意产业园项目，如图 2.26、图 2.27 所示。此种改建方式既保有工业建筑的历史风貌，又实现了内部空间的组织优化，是一种更为经济合理的增层方式。

图 2.26　沈阳 1905 文化创意园

图 2.27　杭州 Loft49 创意产业园

对于原有旧工业建筑为大空间的车间、仓库等空旷的砖混结构的单层或多层房屋，增层荷载可直接通过原结构传至原基础，也可新设结构传至新基础；既可以采用加横墙或纵墙提高承载能力的方案，也可采用增设钢筋混凝土内框架或承重内柱的方案。在建筑底部一层采用室内增层时，新增结构可以与原建筑物完全脱开，并形成独立的结构体系，新旧结构间尚应留有足够的缝隙，宽度不宜小于 100mm。

综合考虑原房屋的结构情况、抗震要求与现使用需求等多方面因素，还可以采取局部悬挑式或悬挂式来达到增层目的。然而由于这类结构的横向刚度较差，绝大多数旧墙体无法承担增层后的全部荷载，特别是横向水平荷载。因此在平面功能容许的条件下，应适当增设承重墙体和柱子，合理地传递增层荷载，使新老结构协同工作。

3）外套增层

外套增层，即在原旧工业建筑上外设外套结构进行增层，使增层的荷载基本上通过在原旧工业建筑外新增设的外套结构构件直接传给新设置的地基和基础。在旧工业建筑再生利用中，若由于增加层数较多、建筑平面和立面布置变化较大，或原承重结构及地基基础难以承受过大的增层荷载，不能采用上部增层，一般可以采用外套增层施工技术。

外套增层改造不仅可使原有土地上建筑容积率增大几倍到几十倍，达到有效利用国土资源的目的，而且建筑造型与周围新建建筑相协调，实现了旧工业建筑的现代化改造和更新，提升城市现代化的整体水平。且外套结构增层施工过程中对原有结构的使用影响极小，可保证改造期间原有建筑的正常使用。但相较于另两种增层技术，改建费用较高。

外套增层根据原有结构的特点、新增层数、抗震要求等因素，可采用框架结构、框架-剪力墙结构或带筒体的框架-剪力墙结构等形式。一般来说，当旧工业建筑为砌体结构时，多以分离式增层为主；当旧工业建筑为钢筋混凝土结构时，多采用协同式外套增层。

需要注意的是，当主体结构改建采用非独立外接和增层形式时，新增部分应与原结构作为整体进行设计施工，当原结构局部或整体不满足相应结构设计规范要求时，应对其进行加固。

（3）内嵌

内嵌，即在原建筑内部进行加建或加层，当旧工业建筑室内净高较大时，可在室内嵌入新的建筑，与内部增层不同的是，内嵌增层在室内设置独立的承重抗震结构体系，其与原建筑主体结构无连接，与原有结构完全脱开，如沈阳铸造博物馆项目，如图 2.28 所示。它和内部增层类似，是在旧建筑室内增加楼层或夹层的一种改建方式。

图 2.28 沈阳铸造博物馆

图 2.29 苏州市苏纶厂

一般来说，因使用功能要求，需将原房屋大空间改为多层，在大空间内增设框架结构，其荷载通过内增框架直接传给基础，室内增设框架与原建筑物完全脱开。这种建筑结构按照新建建筑进行施工。采用内嵌的改建形式时，由于新增部分结构与原有旧工业建筑主体结构完全脱开，新增部分与原有结构按各自的结构体系分别进行承载力和变形的计算，无须考虑相互间的影响。

此外，新增结构应有合理的刚度和承载力分布，应自成独立的结构体系，结构应有足够的刚度，防止在水平作用下变形过大与原建筑发生碰撞，或与原建筑保持足够的空隙，确保新、旧建筑的自由变形。因此，内嵌的改建形式，不仅要保证新、旧结构的变形验算满足规范变形规定，而且还应验算并确保两者在各种荷载工况作用下，发生最大变形后不发生碰撞。

（4）下挖

下挖，即在原建筑内部进行下挖，形成部分地下空间，以满足一定的使用功能需求。在不拆除原有旧工业建筑、不破坏原有环境以及保护文物的前提下，旧工业建筑再生利用项目采用下挖的改建方式，开挖原有建筑地下空间，使空间得到充分利用，能够合理地解决新老建筑结合与功能拓展问题，如苏州市苏纶厂再生利用项目，如图 2.29 所示。

由于下挖施工技术过程较为复杂，包含了对原有旧工业建筑的基础托换、置换开挖、室内新构件制作与旧构件连接等一系列技术问题，受到安全、规划等众多因素影响，实践中使用较少。

2.4　围护结构更新技术

2.4.1　相关概念

围护结构更新是旧工业建筑再生利用新功能风格的直观表现，它和改造后厂区的功能在一定程度上决定着项目改造的成败，如上海船厂 1862 再生利用项目，如图 2.30 所示。围护结构除了建筑美观功能外，还有具有保温、隔热、隔声、防水、防潮、耐火等功能，因此应选择合适的围护结构再生利用技术。同时随着绿色施工逐渐成为建筑行业的发展方向，围护结构更新施工技术不仅应满足安全、适用、耐久要求，还要积极考虑绿色施工改造技术。

（a）项目再生前

（b）项目再生后

图 2.30　上海船厂 1862 项目再生前后对比

围护结构是指围合建筑空间四周的墙体、门、窗等，构成建筑空间，抵御环境不利影响的构件(也包括某些配件)。围护结构可分为透明和不透明两种：不透明围护结构有墙、屋顶和楼板；透明围护结构有窗户、天窗和阳台门等。而根据在建筑物中的位置，围护结构分为外围护结构和内围护结构。外围护结构包括外墙、屋顶、外窗、外门等，用以抵御风雨、温度变化、太阳辐射等，应具有较好的保温、隔热、隔声、防水、防潮、耐火、耐久等性能。内围护结构包括隔墙、楼板和内门窗等，起分隔室内空间作用，应具有隔声、隔视线以及某些特殊要求的功能。围护结构更新通常着重于外墙和屋顶等外围护结构，因此，本节对旧工业建筑围护结构中的外墙、屋顶、门窗结构进行分析。

外墙（墙体和门窗）的围合形式决定了建筑的本质——建筑空间的形成，它的物理技术特性决定了建筑的隔热、保温、隔声、防风雨等性能，直接影响建筑的使用舒适性。同样，外墙对于旧工业建筑也具有无法替代的重要意义。外墙不仅是人们遮风避雨的重要屏障，还记载着其诞生以来的许多历史信息，蕴含着丰富的历史人文价值，如上海 19 叁Ⅲ老场坊项目，如图 2.31 所示。

图 2.31　上海 19 叁Ⅲ老场坊

图 2.32　天津棉三创意街区

屋顶是从上部覆盖整个建筑的围护结构，工业建筑的屋面设计需要考虑采光、通风等生产需求，因此其屋面的形式和构造与民用建筑有一定的区别，如天津棉三创意街区项目，如图 2.32 所示。且其在使用过程中除要经受风吹、雨淋、日晒和霜冻等外部环境的侵袭外，还要承受生产过程中所产生的振动、温湿度、粉尘及腐蚀性烟雾等的作用。屋顶上常见的各式各样天窗，按其作用可分为采光天窗和通风天窗两类，但是实际上只有通风作用或只有采光作用的天窗较少，大多数采光天窗兼有通风作用。旧工业建筑再生利用项目根据不同的使用功能在不同的位置设置门窗，主要起采光和通风作用，有时兼有装饰作用。

2.4.2　围护结构更新内容

（1）外墙更新

工业建筑多为排架或框架结构，外墙不承重，起围挡作用，多采用砌块建造，施工内容包括：拆掉后“以旧换旧”，继续用砖砌体或砌块在原位置重新砌筑，如北京 798 项目，如图 2.33 所示；拆掉后满足新功能要求并增加现代时尚感，换成玻璃幕墙结构，如厦门市龙山文创园项目，如图 2.34 所示；保留原有外墙，只进行简单的涂饰和加固，比如山墙，注意应进行多方位的结构检测后再决定是否拆除或加固使用，如宁波 1956 文化创意园，如图 2.35 所示；采用特殊前卫大胆的现代化造型与原有外墙形成鲜明对比，体现“新与旧”的对比，如西安大华 · 1935 项目，如图 2.36 所示。

图 2.33　北京 798 创意产业园

图 2.34　厦门市龙山文创园

图 2.35　宁波 1956 文化创意园

图 2.36　西安大华 · 1935

(2) 屋顶更新

工业建筑屋顶多为木屋架或钢筋混凝土屋架，木屋架因时间太久虫蛀严重则需要更换，一般情况下有两种更换方式：一种是“以旧换旧”继续做成木屋架，如上海鞋钉厂改建项目，如图 2.37 所示；另一种是根据新功能要求换成钢筋混凝土屋架或钢屋架，如某汽车修理厂车库改造项目，如图 2.38 所示。钢筋混凝土屋架多采用涂饰和局部加固的办法继续保留使用。同时，为了满足新功能的采光通风等要求，一般采用在屋顶加天窗的改造手法，运用具有艺术风格的改造更新手法实现新旧屋面的鲜明对比。

图 2.37　上海鞋钉厂项目再生后

图 2.38　某汽修车库屋顶再生后

原有工业建筑屋面防水多用油毡防水或屋面瓦，屋面几乎都存在漏水问题，因新建筑对热工性能要求的不同，屋面保温层、隔热层、隔汽层、保护层一般都需要重新处理。

（3）门窗更新

旧工业建筑外墙上的门窗和屋面上的天窗，大多采取更换的改造方式。部分采用“以旧换旧”的更新方式，在原位置做成和原来一模一样的门窗，如上海 M50 创意园项目，如图 2.39 所示；另一种则是用热工性能良好、绿色环保、满足新功能要求的塑钢门窗、铝合金门窗和钢门窗等替换，如杭州丝联 166 文创园项目，如图 2.40 所示。

图 2.39 上海 M50 创意园

图 2.40 杭州丝联 166 文创园

2.4.3 围护结构施工技术

（1）外墙再利用技术

老旧外墙抛弃了承重价值、围护价值，而蜕变成“饰面”，获得了更大的改造空间，也将其承载的历史与记忆传承给新建筑，如上海四行仓库纪念馆项目，如图 2.41 所示。因单层旧工业建筑多为排架结构，多层旧工业建筑多为框架结构，外墙只起围挡作用而不承重，在重新砌筑砌体墙后，特别需要注意砌体墙与原承重结构的连接构造。墙体与柱的连接为使支承在基础梁上的自承重砖（砌块）墙与排架柱保持一定的整体性与稳定性，防止由于风力等使墙体倾倒，建筑外墙要用各种方式与柱子相连接。其中最简单常用的做法是沿柱子高度上疏下密地每隔 0.5 ～ 1.0m 伸出两根直径 6mm 的钢筋段，砌墙时把它锚砌在墙体中。这种连接方案属于柔性结构，它既保证了墙体不离开柱子，同时又使自承重墙的重量不传给柱子，从而维持墙与柱的相对整体关系。

相比于传统的砌体外墙，选择幕墙进行围护结构更新的做法也得到了广泛应用。建筑幕墙是指由金属构件与各种板材组成的悬挂在主体结构上，不承担主体结构荷载与作用的建筑物外围护结构。幕墙按面板材料不同可分为玻璃幕墙、金属幕墙、石材幕墙、混凝土幕墙及组合幕墙等。其中玻璃幕墙常用于旧工业建筑再生利用中维护结构的更新，如上海智造局改造项目，如图 2.42 所示。

图 2.41　上海四行仓库纪念馆

图 2.42　上海智造局

玻璃幕墙不仅为既有建筑加入现代化时尚元素，体现现代建筑风貌，使建筑物显得明亮，与原有外墙形成鲜明的对照，凸显旧工业建筑的古典美；同时原有厂房因功能不同，采光性能区别很大，玻璃幕墙的使用可大大增强采光效果，满足新功能的需求。

（2）屋顶再利用技术

1）钢屋顶施工

随着工业的快速发展，钢结构施工技术飞速提升，钢结构屋面尤其是轻钢屋面具有自重轻、抗震性能好、施工进度快、跨度大、屋面下部空间大等优点，在旧工业建筑再生利用中得到了广泛应用，如上海世博村 E 地块办公楼项目使用钢屋架对原有厂房进行改造更新，如图 2.43 所示。这里以屋架制作为代表介绍钢屋架、支撑、檩条等的制作方法，屋架包括支撑等部件。施工现场要有足够的场地，屋架拟安排在施工现场制作。每榀屋架分两段制作，安装前在现场进行拼装，拼装方式采用屋脊节点拼装，拼装完成经检查合格后进行吊装及安装工作。钢屋架下弦应起拱，以三角形钢屋架制造工艺为例：加工准备及下料→喷砂除锈、油漆防腐→零件加工→小装配（小拼）→总装配（总拼）→屋架焊接→支撑连接板→檩条支座角钢装配、焊接→成品检验→除锈、油漆、编号。

(a) 再生施工现场

(b) 再生利用后内景

图 2.43　上海世博村 E 地块再生利用项目

安装施工应严格按施工组织设计或施工方案进行，对特殊构件或施工方法应进行现场试吊，钢屋架的安装应验算屋架的侧向刚度，刚度不足时应该进行加固。加固宜采用木枋或杉杆，安装前应认真核对构件数量、规格、型号，弹好安装对位线。

2）混凝土屋顶施工

屋架是屋盖系中的主要构件，除屋架之外，还有屋面板、天窗架、支撑天窗挡板及天窗端壁板等构件。屋架的侧向刚度较差，扶直时由于重力作用，容易改变杆件的受力性能，特别是杆件极易扭曲造成屋架损伤，因此，扶直和吊装时必须采取有效的措施才能施工。

屋面防水工程同样不容忽视，作为保证建筑物的寿命并使其各种功能正常使用的一项重要工程，其主要功能是防止雨雪对屋面的间歇性浸透。因旧工业建筑屋面防水材料老化渗漏，再生利用时屋面都会重新进行防水处理。防水屋面的种类包括：卷材防水屋面、涂膜防水屋面、刚性防水屋面、金属板材屋面、瓦屋面等。

(3）门窗工程施工技术

旧工业建筑因建造年代久远，门窗几乎都严重破损，同时为满足新功能的热工性能、绿色节能环保要求，旧工业建筑再利用时门窗都进行了更换，常见的有铝合金门窗、塑钢门窗和钢门窗。该技术广泛应用于旧工业建筑再生利用项目中，如北京首钢老工业区再生利用项目、某锅炉中心改建项目，如图 2.44、图 2.45 所示，都取得了良好的效果。

图 2.44　首钢老工业区项目

图 2.45　某锅炉中心改建项目

1）钢门窗施工

钢门窗具有强度高、刚度大、不易变形、稳定性好、耐久等特点。钢门窗在安装时可按以下工序进行：弹控制线→立钢门窗→校正→固定门窗外框→安装五金零件→安装纱门窗。钢门窗安装前应仔细检查，如发现有翘曲、启闭不灵活现象，要将其调整至符合要求。

2）塑钢门窗施工

塑钢门窗是以聚氯乙烯树脂、改性聚氯乙烯或其他树脂为主要原料，添加适量助剂和改性剂，经挤压机挤压成各种截面的空腹门窗异型材组装而成。一般在成型的塑料门窗型材空隙嵌入轻钢或铝合金型材进行加强，从而增加塑钢门窗的刚度，提高塑料门窗的牢固性和抗风能力。

3）铝合金门窗施工

铝合金门窗是由铝合金型材经过配料、裁料、打孔、攻丝后，与连接件、密封件配件及玻璃组装而成的。铝合金门窗与普通的钢木门窗相比，具有质量轻、密闭性好、装饰效果好、坚固耐用，可成批定型生产等优点，因而在建筑工程中得到了广泛的应用。

(4) 围护结构节能改造技术

建筑的外围护结构既是划分室内与室外的分割线，也是建筑能耗中的主要门户。调研结果显示，我国旧工业建筑围护结构的保温隔热性能较差，但再生项目由于使用功能的变更使其保温隔热性能的要求有了大幅提升，所以旧工业建筑围护结构的节能改造显得尤为重要。围护结构节能改造技术应用范围广泛，使用案例已达上百项，如深圳南海意库再生利用项目、宁波书城项目，如图 2.46、图 2.47 所示。

图 2.46　深圳南海意库（外墙垂直绿化）

图 2.47　宁波书城（被动式节能）

1）外墙节能改造

在同样的室内外温差条件下，围护结构保温性能的好坏，直接影响到流出或流入室内热量的多少。从建筑传热耗热量的构成来看，外墙所占比例最大，因此，提高围护结构中墙体的保温能力十分重要。旧工业建筑的外围护结构采用绿色节能技术是旧工业建筑节能改造的重要组成部分。外围护结构节能的原理就是合理地采用节能材料，通过各种技术手段来改善旧工业建筑外围护结构的各个构件的热工性能，从而达到冬季保温，减少室内热量流出；夏季隔热，减少室外热量进入的效果，进而减少冷、热消耗。根据地域的差异，在北方地区要提高保温性能，而在南方地区，应优先考虑提高外围护结构系统的隔热性能，使得旧工业建筑保持适宜的温度进而满足舒适度的要求。

2）屋面节能改造

屋面是旧工业建筑最上层的覆盖外围护结构，它的基本功能就是抵御自然界的不利因素，使得下部的空间有良好的使用环境。大量闲置的旧厂房结构老化、保温性能差、通风采光性能不良，对屋面进行改造就是有效改善室内环境的舒适性，增加屋面的保温隔热性能。再生利用时，需要增强屋顶的隔热性能。一般屋顶是建筑冬季的失热构件，屋顶作为蓄热体对室内温度波动起稳定作用。对于单层厂房，屋顶的散热量比例相对多层厂房较大。一般工业建筑屋面带来的热损失占整个围护结构热损失的30%左右，是节能改造时应予以关注的关键部位。

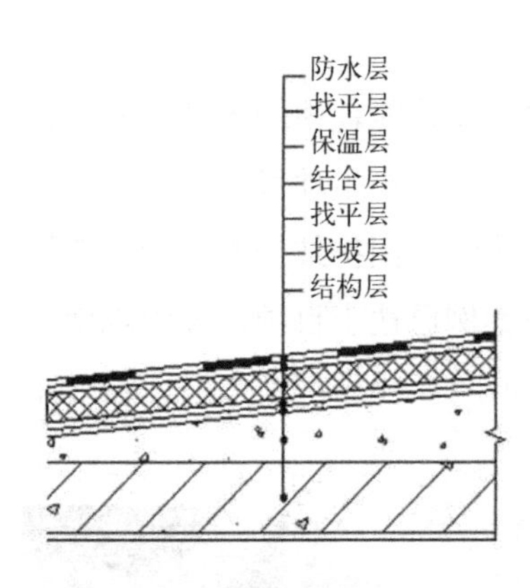

图 2.48　屋面保温隔热系统

图 2.49　天友绿色建筑设计中心（屋面绿化）

部分厂房保温隔热效果优于一般民用建筑。工业厂房的构造是以服务于工艺需求为目的的。对于有特殊生产工艺要求、需要恒温恒湿的厂房(如纺织车间及精密仪器车间等)，其保温隔热要求要高于一般民用建筑。屋面保温隔热系统如图 2.48 所示。常见的屋面节能改造方式主要有倒置式保温屋面、蓄水屋面、通风屋面、种植屋面（屋顶绿化)、太阳能屋面等，如天友绿色建筑设计中心再生利用项目，如图 2.49 所示。

3）门窗节能改造

在建筑围护结构中，由于门窗的绝热性能最差，使其成为室内热环境质量和建筑能耗的主要影响因素，是保温、隔热与隔声最薄弱的环节。在旧工业建筑的围护结构中，门窗的面积约占围护结构总面积的 25%，且窗户形式多为单玻窗，外窗普遍存在传热系数大与开窗面积过大的问题。据统计，冬季单玻窗所损失的热量约占供热负荷的 30% ~ 50%，夏季因太阳辐射透过单玻窗进入室内而消耗的空调冷量约占空调负荷的 20% ~ 30%。同时，旧工业建筑的门窗已使用多年，老化现象导致能耗进一步加大，严重影响室内环境的舒适度。

在既有建筑墙体节能改造时，如果采用外墙外保温的方式改造，门窗的位置就应该尽可能地接近外墙。为了不影响建筑的使用功能，可以在做外墙外保温的同时，在既有门窗不动的基础上安装新的节能门窗，最后再拆除旧的门窗或直接采用双层窗，同时合理选用玻璃，提高建筑外窗的保温性能；也可以直接在窗上贴膜或透明层，利用该层与玻璃之间的空气保温层，达到节能的效果。而具体的节能改造措施包括增加窗户的玻璃层数、窗上加贴透明聚酯膜、附加活动的保温窗扇、加设门窗密封条、窗周边处理等，如上海 8 号桥创意园，如图 2.50 所示。

图 2.50　上海 8 号桥创意园区

图 2.51　上海花园坊节能技术环保产业园

在门窗改造中，型材和玻璃是主要的材料，对门窗的导热性能影响较大。为了提高门窗的保温性能，门窗的型材通常采用隔热铝合金型材、隔热钢型材、木 - 金属复合型材、玻璃钢型材等。为了提高门窗的隔热性能降低遮阳系数，可以采用吸热玻璃、中空玻璃镀膜玻璃、太阳能热反射玻璃与低辐射玻璃（又称作双层中空 Low-E 玻璃）。比如，上海花园坊节能技术环保产业园在绿色节能改造时就是采用 Low-E 中空玻璃来替换原有玻璃，如图 2.51 所示。旧工业建筑外窗的节能改造方式主要有：Low-E 玻璃、中空玻璃、镀膜玻璃、装双层窗，如表 2.6 所示。

外窗节能改造做法　　表 2.6

方法	类型	特点
Low-E 玻璃	将原玻璃改成 Low-E 玻璃	隔热性能好、遮阳系数好；开窗时不能起到遮阳的效果
中空玻璃	将原单层玻璃改成中空玻璃	造价低、工期短、施工方便；会产生建筑垃圾
镀膜玻璃	在原玻璃上贴一层热反射膜	隔热性能好；开窗时不能起到遮阳的效果
装双层窗	在原窗内侧增加一道玻璃	传热系数能减小一半以上，施工方便；受到原墙体的影响

2.5　地下管网修复技术

2.5.1　相关概念

建（构）筑物是工业企业的“骨架”，而工业厂区地下的给水排水管道、燃气管道、供热管道等组成的庞大的地下管网则是工业企业的“神经”和“血管”。各类地下管网是旧工业建筑的重要基础设施，地下管网在投运 15 ~ 20 年后，由于受到连续或间断性的物理、化学、生物化学作用以及生物力的侵蚀，往往会产生不同程度的缺陷。地下管网缺陷的类型主要包括：管道渗漏、管道阻塞、管位偏移、机械磨损、管道腐蚀、管道变形、管道裂纹、管道破裂和管道坍塌等。特别是对于早期防腐措施不完善的埋地管道，穿孔或泄露的事故时常发生。损坏后的地下管网需要进行修复施工，如图2.52所示。

(a) 地下管网改造施工

(b) 地下管网更新

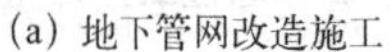

图 2.52　地下管网修复

2.5.2　地下管网修复施工内容

目前，更换和修复地下管线的施工方法有开挖施工法和非开挖施工法。开挖施工法（挖槽埋管法）主要包括挖槽法和窄开挖法。其中开挖施工法工艺简单且较为经济，因此较为常用，如图2.53所示。其主要施工工序是：地面的准备工作；使用挖沟机、反铲等设备进行槽沟的开挖，包括排水和支护；铺设管线；回填和压实，以及支护桩的拆除；路面的复原。

然而开挖施工也具有很大的局限性，其主要缺点是：妨碍交通（堵塞、中断或改线），破坏环境，影响生产和生活，安全性差，综合施工成本高。除此之外，当管网埋设较深、管径较大时，开挖施工法极不经济，且传统的开挖修复方法难以适应从建（构）筑物、设备底部穿过的地下管网的改造与修复，由此便产生了管道的非开挖修复技术。

图 2.53　管网更新开挖施工

图 2.54　非开挖修复施工

非开挖修复技术是利用微开挖或不开挖施工技术对“地下生命线系统”进行设计、施工、探测、修复和更新、资产评估和管理的一门新技术，被广泛应用于穿越公路、铁路、建筑物、河流，以及在闹市区、古迹保护区、农作物和环境保护区等不允许或不便开挖条件下进行燃气、电力、给水排水管道，电信、有线电视线路等的铺设、更新、修复以及管理和评价等，被联合国环境规划署列为地下设施的环境友好技术，如图 2.54 所示。

地下管网非开挖修复技术与传统的开挖修复管道或是更换管道相比，其优势主要表现为以下几点：应用范围广，可用于排水管道、给水管道、工业管道、输油管道、输气管道，还可以用于管道和干管道接头的修复，以及人工井修复；非开挖施工不会阻断交通，不破坏绿地、植被，不影响地上活动；施工方便、工期短；工程成本低。

非开挖管道修复技术可以很好地解决现有管道中老化、腐蚀、渗漏、接口脱节、变形等问题，延长管道使用寿命，减少次生灾害的发生。非开挖管道修复更新工艺主要包括管道更新技术、管道修复技术、管道局部修复技术，具体施工内容如图 2.55 所示。

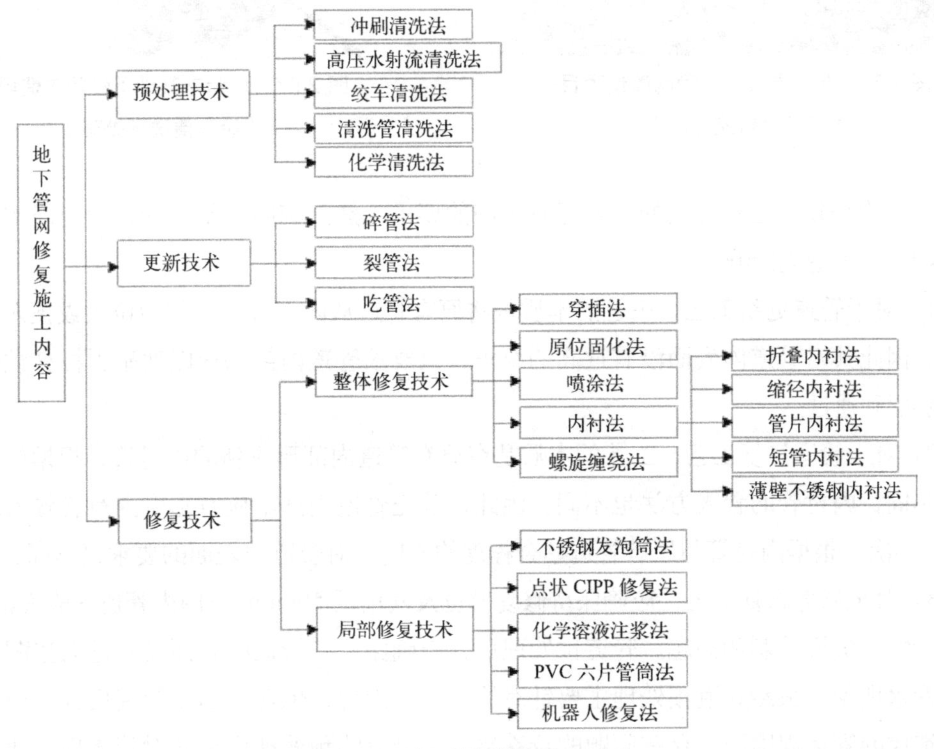

图 2.55　地下管网修复施工内容

目前，我国非开挖修复更新工程中，穿插法、折叠内衬法、缩径内衬法较为常用，累计使用占比，超过 70%。而在管道局部修复工程中，不锈钢发泡筒法、点状 CIPP 修复法、化学溶液注浆法较为常用。

2.5.3 地下管网更新施工技术

（1）地下管网预处理施工技术

旧工业建筑原有地下管道常年输送各种物质，管道内部极易受到腐蚀和造成管道内杂物淤积，导致管道堵塞。非开挖管道修复技术主要是从管道内部对原有管道进行修复的技术，因此在进行修复前应对管道内部进行预处理。例如：北京市某地下管网改造项目、广州市某地下管网改造项目，如图 2.56、图 2.57 所示。

图 2.56 北京市某地下管网改造项目（高压水射流冲洗）

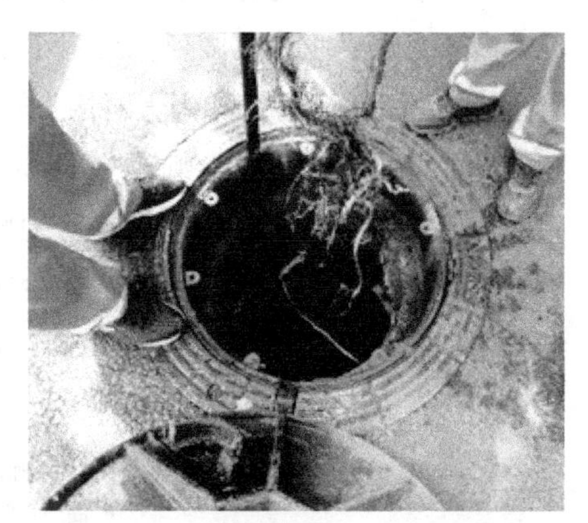

图 2.57 广州市某地下管网改造项目（绞车清洗预处理）

不同的修复工艺对管道的预处理有不同的要求，然而相同的是，管道预处理都不应对后期的施工造成影响。

1）对于管道更新工艺，工艺的本质是将原有管道从内部破碎，然后拉入或顶入新的管道。因此其对管道内表面没有过高的要求，只要求管道内部畅通以便牵引拉杆或钢丝绳能够顺利通过。

2）对于管道修复工艺，工艺的本质是在原有管道内部形成新的内衬管，根据修复工艺的不同，内衬管的置入方法也不同。因此，首先管道内部不应有影响内衬管置入的障碍物；其次，根据内衬管与原有管道贴合程度的不同，对管道内表面的要求也不同。

3）对于局部修复工艺，应确保待修复部位及其前后 500mm 范围内管道内表面洁净，无附着物、尖锐毛刺和凸起。管道预处理后，应确保原有管道内表面没有过大空洞及严重的漏水现象。虽然管道预处理主要针对原有管道内部，但对于由于管道设计、施工不合理造成的管道周围地基存在问题的特殊情况，管道的预处理应包含对管道周围地基的处理，预处理后应保证管道周围地基稳定。

（2）地下管网改造施工技术

工业厂区原有地下管道经过多年的使用，大多已年久失修，存在不同程度的缺陷。为了适应再生利用后的建筑功能要求，需要对部分破损严重，甚至已经失去使用功能的地下管道进行更新。例如：深圳市某地下管网改造项目、合肥市某地下管网改造工程，如图 2.58、图 2.59 所示。

图 2.58　深圳市某地下管网改造项目

图 2.59　合肥市某地下管网改造工程

1）碎管法管道更新技术

碎管法是采用碎管设备从内部破碎原有管道，将原有管道碎片挤入周围土体形成管孔，并同步拉入新管道的管道更新方法。碎管法根据动力源可分为静拉碎管法和气动碎管法两种工艺。静拉碎管法是在静力的作用下破碎原有管道，然后再用膨胀头将其扩大；而气动碎管法是利用气动冲击锤产生的冲击力作用破碎原有管道，如图 2.60 所示。碎管法管道修复技术相比开挖法具有施工速度快、效率高、价格优势、对环境更加有利、对地面干扰少等优势。与其他管道修复方法相比，碎管法的优势在于它是能够采用大于原有管道直径的管道更换原有管道，从而增加管道的过流能力的施工方法。

图 2.60　碎管法管道更新

2）裂管法管道更新技术

裂管法所使用的工具有液压动力机、切割刀片和扩张器等。施工时，在动力机的强大牵引力作用下，切割刀片沿着旧管道将其切开，连接在切割刀片后的扩张器紧接着将切开的旧管道撑开并挤入周围的土层，以便将新管拉入旧管所在的位置。这种方法主要用于更换钢管（自来水管道和燃气管道），如图 2.61 所示。

3）吃管法管道更新技术

吃管法使用经改进的小口径顶管施工设备或其他的水平钻机，以旧管为导向，将旧

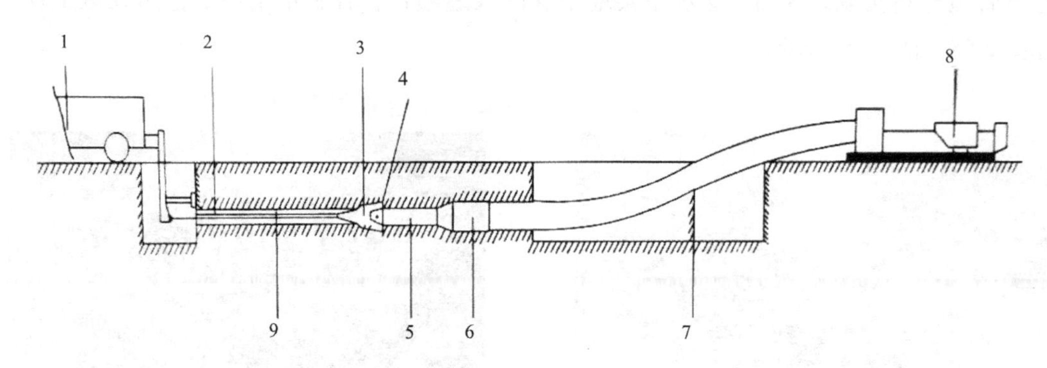

1- 液压机；2- 旧管；3- 切削刀片；4- 刚性接头；5- 冲击锤；6- 扩张器；7- 新管；8- 张拉装置；9- 旧管中接头

图 2.61 裂管法示意图

管从端部连同周围的土层回转切削，破碎或冲击破碎旧管的同时顶入直径相同或稍大的管道，完成管线的更换。破碎后的旧管碎片和削落土体由螺旋钻杆排出。这种方法主要用于更换埋深较大（大于 4m）的非加筋污水管道，如图 2.62 所示。

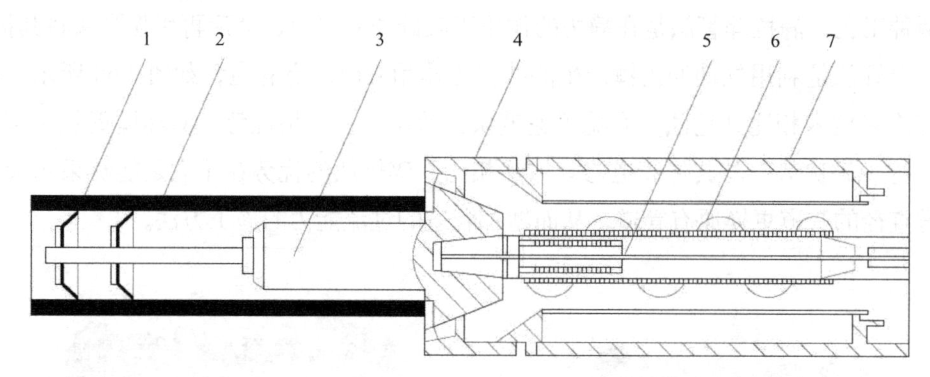

1- 密封件；2- 旧管；3- 导向头；4- 切削钻头；5- 冲击锤；6- 螺旋钻杆；7- 新管

图 2.62 吃管法示意图

（3）地下管网修复施工技术

1）穿插法修复技术

穿插法是一种可用于管道结构性和非结构性非开挖修复的最简单的方法。早在 1940 年该方法就被用于修复破损管道，多年来的经验表明，穿插法是一种技术经济性很好的管道修复技术，拥有非开挖技术所具有的全部优点。按照内衬管穿插入原有管道之前是否连续，穿插法分为连续穿插法和不连续穿插法两种工艺。

连续穿插法的内衬管是连续的，其在进入原有管道过程中的受力状态为拉力。通过牵拉的方式将内衬管穿插入原有管道内。连续穿插法施工一般需要在内衬管道的进入端开挖一个工作坑，便于内衬管的插入，如图 2.63 所示。

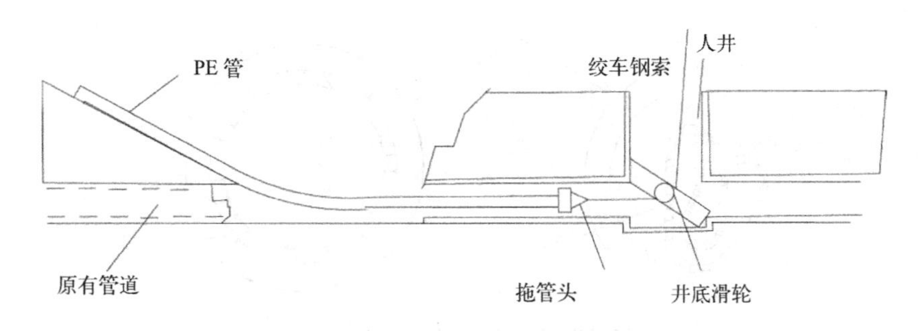

图2.63 连续管道穿插法

不连续穿插法的内衬管在进入原有管道过程中受力状态为压力，主要通过顶推的方式使内衬管穿插进入原有管道，也可通过牵拉的方式将拉力转换为压力使其进入原有管道。不连续穿插法需要根据管段的长度及进入方式决定是否需要开挖工作坑，一般对于较长管段以推入的方式进入原有管道内部需开挖工作坑，而对于较短管段以牵引的方式进入原有管道则不需开挖工作坑。

短管内衬法的本质是非连续穿插法，其原理是将特制的短管由检查井或工作坑送入原有管道，然后通过在终端的牵拉力将从始发端进入的内衬管拉入原有管道，在整个过程中内衬管受的是压力，如图2.64所示。

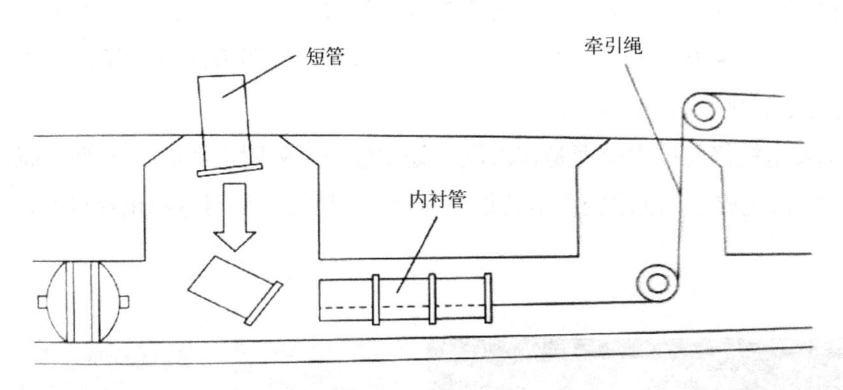

图2.64 短管内衬法

2）折叠内衬法修复技术

折叠内衬法是指将圆形塑料管道进行折叠并置入旧管道中，通过加热、加压的方法使其恢复原状形成管道内衬的修复方法。该法使用可变形的PE或PVC作为管道材料，施工前在工厂或工地先通过改变衬管的几何形状来减小其断面。变形管在旧管内就位后，利用加热或加压使其膨胀并恢复到原来的大小和形状，并与旧管形成紧密的配合，如图2.65所示。有时还可使用机械成形装置使其恢复原状。

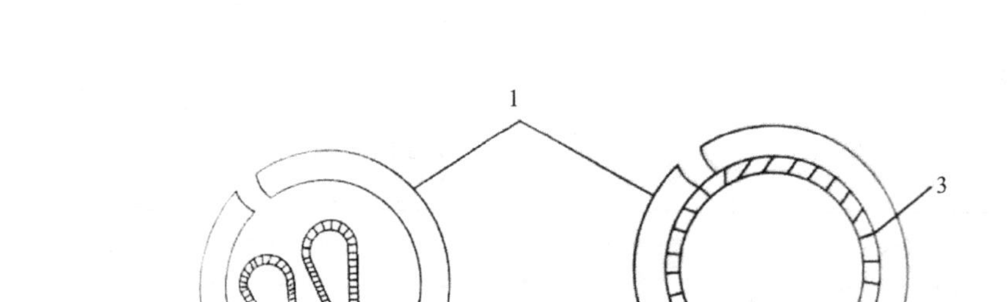

1- 原有管道；2- 折叠内衬管；3- 复原后内衬管

图 2.65 折叠内衬法折叠管复原示意图

折叠内衬法适用的管道类型为压力管道、重力管道及石油、天然气、化工管道。①内衬管管材：压力管道内衬管常用 PE 管材，重力管道可选用 PVC 内材折叠管。可修复管道直径为 75 ～ 2000mm。通常仅用于直管段，管段上不能有管件，如阀门三通、凝液缸、弯头等，不能有明显变形和错口，拐点夹角不能超过 5°。②单次修复长度：修复直径为 400mm 的管道时最大施工长度可达 800mm，具体取决于滚筒容量、回拖机的回拖力、材料强度。

3）局部修复技术

旧工业建筑原有地下管道随着使用年限的增加，管道系统因外部和内部的原因，会产生不同程度的损伤，如管道渗漏、管道裂纹、管道局部破损等。为了保证管道系统的安全运行，需要对原有地下管道的局部缺陷进行修复。常用方法有不锈钢发泡筒法、点状 CIPP 修复法、化学溶液注浆法。

不锈钢发泡筒修复技术原理是在渗漏点处安装一个外附海绵的不锈钢套筒，海绵吸附发泡胶，安装完成后，发泡胶在不锈钢筒与管道间膨胀，从而达到止水目的，如图 2.66 所示。

（a）不锈钢发泡筒法管道修复截面图

（b）不锈钢发泡钢卷筒

图 2.66 不锈钢发泡筒修复技术

点状 CIPP 修复技术与原位固化法管道修复技术（CIPP）相似，首先将浸渍树脂（常温固化）的玻璃纤维织物缠绕在适用管径管道修复气囊上，然后将修复气囊置入原有管道内破损位置处充气使其膨胀紧贴原有管道内壁，保持压力不变固化一定时间后可形成具有一定强度的内衬以达到管道修复及堵水的目的，如图 2.67 所示。

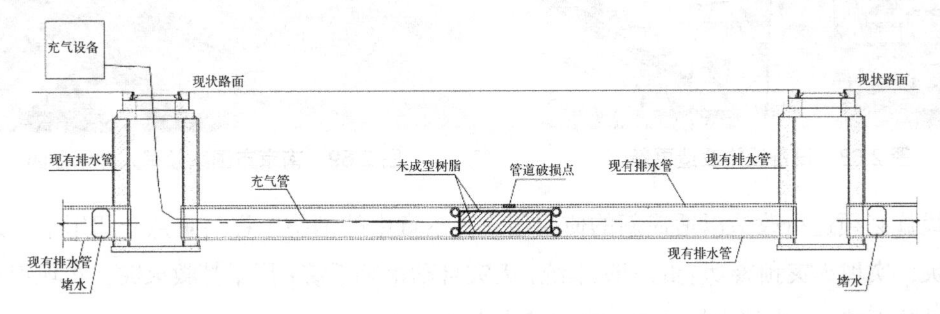

图 2.67　点状 CIPP 修复示意图

化学注浆最初发展和应用于 20 世纪 50 年代，多年的应用经验表明该技术依然是经济适用的管道修复方法之一。其原理是通过化学注浆在管道渗漏部位和检查井处形成一个防水套圈，长期防止地下水渗入。

化学溶液注浆法适用于修复管径为 100 ～ 600mm 的污水管道，最大施工长度可达 150m，同时也用于连接点漏水和环形裂纹的修复。化学溶液注浆法一般用来控制因管道接头漏水或者管壁的环形裂缝引起的地下水渗漏，也可以密封小孔和修复径向裂纹，或通过特殊的工具和技术用于管道接点和检查井内壁修复。然而其对纵向裂缝的控制能力较弱，不能有效地密封接头附近的管道纵向裂缝。

2.6　设备设施再生技术

2.6.1　相关概念

旧工业建筑原有设备设施由于初建年代久远，存在部分设备设施老化严重，无法正常运行的问题，再生利用后有设备设施无法适应改造后建筑的使用功能，必须进行改造更新。例如建筑的原有消防设备已不能满足新功能的消防安全要求，必须对消防设备设施进行改造更新，同样通风设备设施、电梯设备设施等也必须进行改造升级，如图 2.68 所示。

2.6.2　设备设施更新施工内容

（1）消防设备设施改造更新

旧工业建筑再生利用中，作为保证建筑消防安全最为可靠、有效的防范措施，各类

图 2.68　设备设施改造更新

图 2.69　南京市国家领军人才创业园

消防设施必须进行改造以适应新的使用用途。本章中的消防工程将重点介绍用于早期发现火灾、实现火灾预警功能的消防系统：火灾自动报警系统；用于扑救火灾、实现灭火功能的消防系统：室内消火栓系统、自动喷水灭火系统。

旧工业建筑普遍存在耐火等级低、消防设施缺乏、安全疏散条件差等突出问题，因此，如何采取有效措施提高建筑消防安全性能，是旧工业建筑再生利用的重要内容。南京市国家领军人才创业园项目消防设施更新如图 2.69 所示。

在既有建筑防火改造工程中，设置的防火设备、设施及其他产品均应满足国家或行业相关的消防标准、规范要求；电气产品、燃气用具的安装和使用以及线路、管路的设计和敷设，必须符合国家有关消防安全技术规定。同时，建议将既有建筑的防火改造与其结构改造、抗震改造、节能改造和装修改造等结合起来进行综合的改造，以提高建筑整体的综合性能，降低改造成本，缩短改造周期。

（2）通风设备设施改造更新

旧工业建筑原有通风设备主要用于工业厂房除尘，保证室内空气流通，防止有害或易燃气体、尘埃累积造成对人或设备的损害。而旧工业建筑再生利用的通风设备更新目的是为了适应新的使用功能，不仅仅是排去污染的空气，还具有除臭、除尘、排湿、调节室温的功能，以形成卫生、安全等适宜空气的环境。

原有通风设备使用时间久远，普遍存在能耗高、设备噪声大、通风效果差等问题。为了满足使用功能的要求，对原有通风设备设施进行改造更新以适用新的建筑使用功能，也成为再生利用项目的关键环节之一。武汉 403 国际艺术中心项目、深圳艺展中心项目，如图 2.70、图 2.71 所示。

（3）电梯设备设施改造更新

旧工业建筑空间高敞，在再生利用过程中常有增层或内嵌施工，提高旧工业建筑内部空间的使用效率。为了适应旧工业建筑再生利用后的新功能，加装电梯成为旧工业建筑再生利用设备设施改造更新中必不可少的一个环节。

图 2.70　武汉 403 国际艺术中心

图 2.71　深圳艺展中心

2.6.3　设备设施更新施工技术

（1）消防工程更新施工技术

旧工业建筑普遍存在耐火等级低、消防设施缺乏、安全疏散条件差等突出问题，因此如何采取有效措施提高建筑消防安全性能，是再生利用过程中的重要内容，如图 2.72 所示。

（a）消防管网

（b）消防设备

图 2.72　消防工程更新

据统计，安装了火灾自动报警系统的场所发生火灾一般都能及早报警，不会酿成重大火灾。很多再生利用后的旧工业建筑都会以《高层民用建筑设计防火规范》《建筑设计防火规范》等相关国家标准条文为依据，设计现场正常状态整定值并安装火灾自动报警系统，在消防安全工作中发挥了重要作用。火灾自动报警系统如图 2.73 所示。

火灾自动报警系统是由火灾触发器件（火灾探测器、手动火灾报警按钮、部分监视模块）、声光警报器、火灾报警控制器等组成。它具有能在火灾初期将燃烧产生的烟雾、热量、火焰等物理量，通过火灾探测器变成电信号，传输到火灾报警控制器并同时以声或光的形式通知整个楼层疏散，控制器记录火灾发生的部位、时间等，使人们能够及时发现火灾，并及时采取有效措施，扑灭初期火灾的功能。它能最大限度地减少因火灾造成的生命和财产的损失，是人们同火灾做斗争的有力工具。

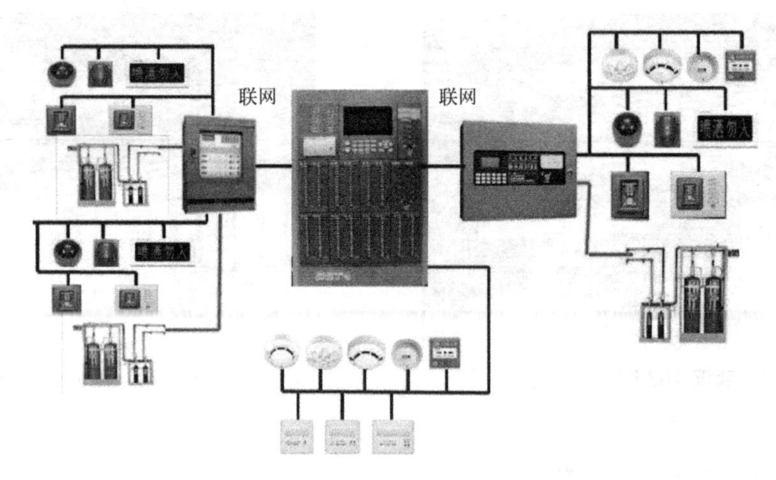

图 2.73　火灾自动报警系统

1）室内消火栓系统

室内消火栓，是消防水系统重要的组成部分，它安装在室内消防箱内，一般公称直径（mm）有 DN50、DN65 两种，公称工作压力 1.6MPa，强度测验压力 24MPa，适用介质为清质水和泡沫混合液。通常室内消火栓可分为普通型、减压稳压型、旋转型等，它的灭火方式为人工连接水带至栓口灭火。此外消火栓箱内还有消火栓按钮，按此按钮可以远程启动消防泵给消火栓进行补水，如图 2.74 所示。

图 2.74　室内消火栓系统

图 2.75　自动喷水灭火系统

2）自动喷水灭火系统

自动喷水灭火系统由洒水喷头、报警阀组、水流报警装置（水流指示器或压力开关）等组件，以及管道、供水设施组成。它能在发生火灾时自动喷水灭火，如图 2.75 所示。

①湿式自动喷水灭火系统

火灾发生的初期，建筑物的温度随之不断上升，当温度上升到使闭式喷头温感元件爆破或熔化脱落时，喷头即自动喷水灭火，如图 2.76 所示。

湿式灭火系统结构简单，使用方便、可靠，便于施工，容易管理，灭火速度快，控火效率高，成本较低，适用范围广。在环境温度不低于 4℃、不高于 70℃的建筑物和场所（不能用水扑救的建筑物和场所除外）都可以采用湿式灭火系统。该系统局部应用时，应保证民用建筑的室内最大净空高度不超过 8m、保护区域总建筑面积不超过 $1000m^2$，设置场所应为轻危险级或中危险等级 I 级中需要局部保护的区域。

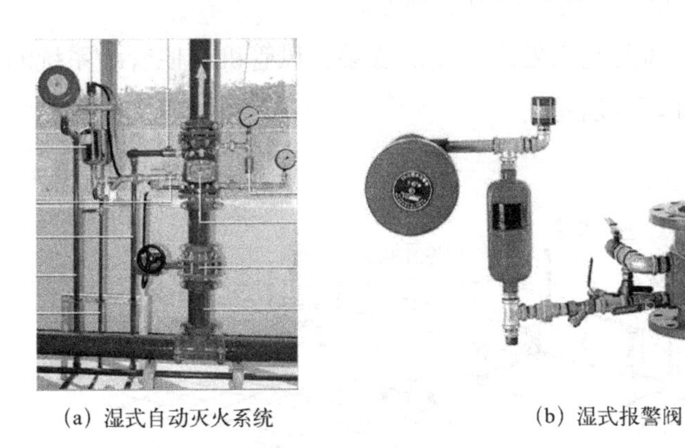

（a）湿式自动灭火系统　　（b）湿式报警阀

图 2.76　湿式自动喷水灭火系统

②干式自动喷水灭火系统

干式系统与湿式系统类似，只是控制信号阀的结构和作用原理不同。干式系统配水管网与供水管间设置干式控制信号阀将它们隔开，而在配水管网中平时充满着有压力气体用于系统的启动。发生火灾时，喷头首先喷出气体，致使管网中压力降低，供水管道中的压力水打开控制信号阀而进入配水管网，接着从喷头喷出灭火。不过该系统需要多增设一套充气设备，一次性投资高，平时管理较复杂，灭火速度较慢，如图 2.77 所示。

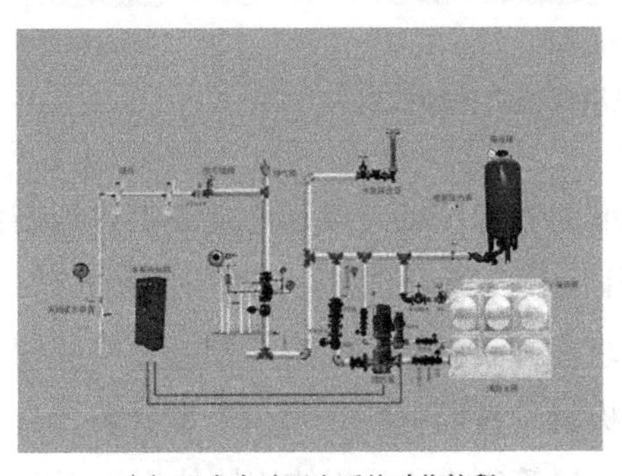

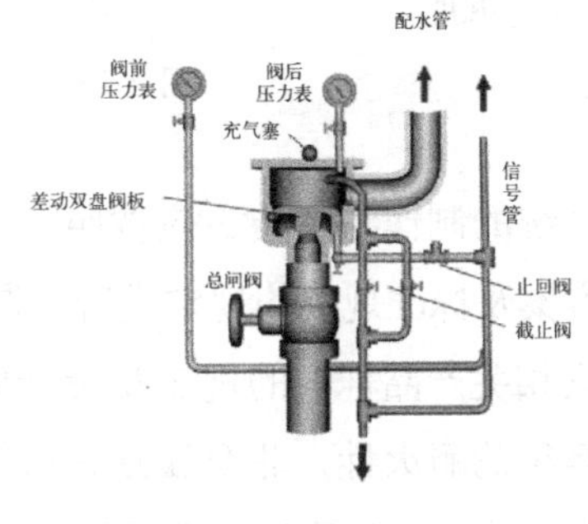

（a）干式自动灭火系统动作流程　　（b）干式报警阀

图 2.77　干式自动喷水灭火系统

（2）通风工程更新施工技术

通风工程包括送排风系统、防排烟系统、防尘系统、空调系统、净化空气系统、制冷设备系统、空调水系统七个子分部工程。

通风工程施工步序为：施工准备→风管及部件加工→风管及部件的中间验收→风管系统安装→风管系统严密性试验→空调设备及空调水系统安装→风管系统测试与调整→空调系统调试→竣工验收冷空调系统综合效能测定。

其中关键施工技术有通风与空气处理设备的安装、风管机其他管路系统的预制与安装、过滤设备的安装，如图 2.78 所示。

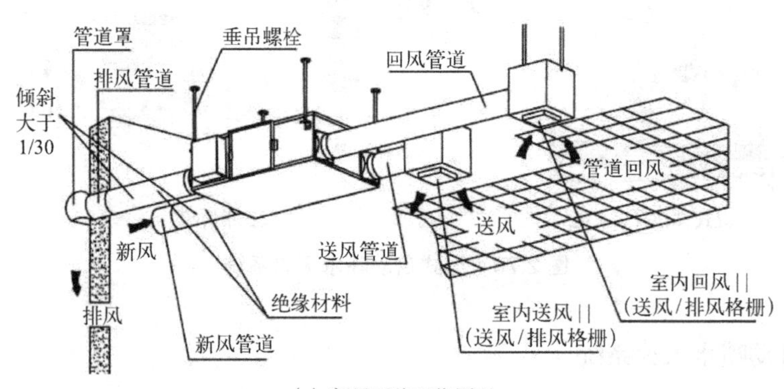

（a）新风系统工作原理

（b）新风机

（c）风管

（d）过滤设备

图 2.78　新风系统施工关键技术

风管系统的制作与安装，应按照被批准的施工图纸、合同约定或工程洽商记录、相关的施工方案及标准规范的规定进行。制作风管所采用的板材、型材以及其他成品材料，应符合国家相关产品标准的规定及设计要求，并具有相应的出厂检验合格证明文件。应注意风管系统的耐火性，非金属复合风管板材的覆面材料必须为不燃材料，具有保温性能的风管内部绝热材料应不低于难燃 B_1 级；风管制作所采用的连接件均为不燃或难燃 B_1 级材料；防排烟系统风管的耐火等级应符合设计规定，风管的本体、框架、连接固定材料与密封垫料，阀部件、保温材料以及柔性短管、消声器的制作材料，必须为不燃材料。

排烟系统风管板材厚度若设计无要求，可按高压系统风管板厚选择。对于通风工程中管道板材拼接缝的外观质量，要求板材的拼接缝达到缝线顺直、平整、严密牢固、不露保温层；满足和结构连接的强度要求；风管针对其工作压力等级、板材厚度、风管长度与断面尺寸，采取相应的加固措施；矩形内斜线和内弧形弯头应设导流片，以减少风管局部阻力和噪声。

(3) 电梯工程更新施工技术

由于旧工业建筑原有的生产功能或外观形态已不能满足社会经济发展的需要，对废弃的或即将废弃的工业建筑通过改变其内部布局，采用增层、内嵌等方法增加旧工业建筑内部的使用效率，而电梯作为内部垂直运输的便捷工具，对其进行改造更新则显得尤为重要。例如上海 19 叁Ⅲ老场坊、西安大华 · 1935 等，如图 2.79、图 2.80 所示。

图 2.79　上海 19 叁Ⅲ老场坊
（曳引式电梯）

图 2.80　西安大华 · 1935
（自动扶梯）

1）曳引式电梯

电梯的安装准备工作涉及土建与安装，相关负责人需要与电梯订货单位及土建部门及时沟通，及时解决土建的遗留问题。在安装工程开始之前，安装单位要到安装现场对安装条件进行实地勘察，降低安装队伍误工的可能性。

实地勘察的主要内容有：勘察电梯的井道是否按照设计图纸施工；电梯井道内的建筑脚手架是否已经拆除；机房和底坑的建筑垃圾是否已经清理干净；机房的电源是否已经到位；电梯厅门口的安全防护是否完备等。以上内容都要以书面的形式告知电梯的买方，同时要联系好设备到场的安全堆放场地，安装人员进场安装后的人员住宿和仓库用地。

2）自动扶梯及自动人行道

自动扶梯、自动人行道的安装工程与电力驱动的曳引式或液压电梯的安装工程相比有较大的差别。电力驱动的曳引式或强制式电梯及液压电梯以零部件出厂，现场完成组装调试；而自动扶梯、自动人行道（除大长度水平人行道外），一般已在生产厂内进行了组装调试、检查，工程施工主要工作是土建验收、吊装、整机安装及调试。

第 3 章　旧工业建筑再生利用结构安全模型

工程技术领域中的许多力学问题都可以归结为在给定边界条件下求解其控制方程（常微分方程和偏微分方程）的问题。数值模拟技术是人们在现代数学、力学理论的基础上，借助于计算机技术来获得满足工程要求的数值近似解。目前在工程技术领域内常用的数值模拟方法有：有限单元法、边界元法、有限差分法和离散单元法等，其中有限单元法是最具实用性和应用最广泛的[12]。因此，我们选取有限单元法进行旧工业建筑再生利用的结构分析与校核，并在项目各个阶段进行讨论与应用。

3.1　决策设计阶段

决策设计阶段是旧工业建筑再生利用项目开展的基础阶段，编制可行性研究报告、建设标准的确定、工艺设备的选择等直接影响着项目的成本、进度、质量和安全。一般工作内容包括结构性能检测，方案设计，结构设计，施工图编制。

3.1.1　工作流程

（1）结构性能检测

旧工业建筑再生利用的本质是对使用功能的改变，对既有结构进行全面、细致的调查与检测是项目的首要任务。根据国家相关规范标准，对既有结构进行验算和分析，得出可靠性和抗震性能等方面的评定结论，为后续工作提供依据，如图 3.1 所示。

（a）测试一

（b）测试二

图 3.1　结构性能检测现场

（2）方案制定

根据检测鉴定的结果，考虑再生利用结构性能、经济指标和施工条件等因素，经过相关技术专家的论证，确定具体可行的再生利用方案，如图 3.2 所示。制定的方案包括建筑规划、业态分布、经济测算等内容，应最大限度满足新的使用功能，且具有良好的可行性。

(a) 方案设计

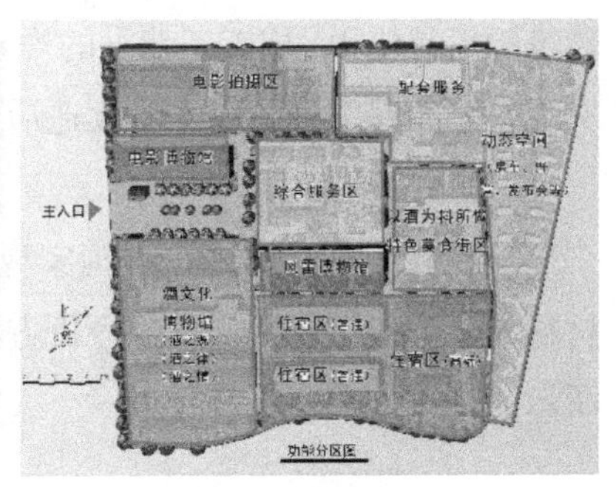

(b) 业态分布

图 3.2　方案制定示例

（3）结构设计

设计符合再生利用目标的结构受力模型，进行不同工况下的结构验算。有效控制新结构体系的变形，保证新旧结构体系的安全，并尽量减小对既有结构的不良影响。从现状调查、使用年限核定、节点细部设计、基础设计多个方面进行考虑，如图 3.3 所示。

（4）施工图编制

根据国家现行规范的要求编制旧工业建筑再生利用项目施工图，保证详细、准确、全面。施工图绘制完成后需由建设主管部门认定的机构进行审查，未经审查合格的，不得使用，如图 3.4 所示。

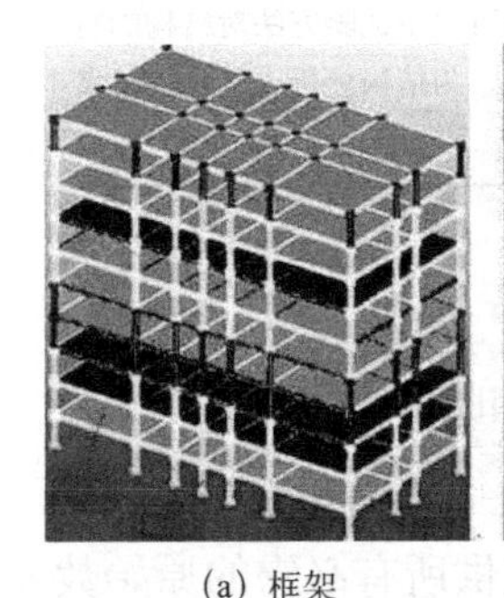

(a) 框架

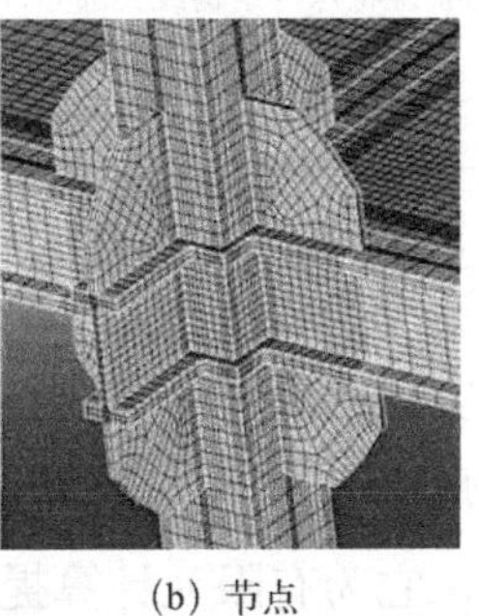

(b) 节点

图 3.3　结构设计

图 3.4　施工图

3.1.2　结构分析

在决策设计阶段，首先需对改造结构进行荷载复核，根据建筑的结构模型、设计荷载及建筑的检测鉴定报告，针对建筑结构的自身特点、力学特性和受损情况等，模拟实际工况下改造前后的目标建筑使用要求，加固不满足承载力及使用要求的部位。

对于目标建筑，加固方案的确定和选择往往需要考虑施工工期、加固材料的成本、建筑的正常使用、施工工艺上的难易程度、技术可操作性、是否满足改造后的使用要求等，实现整个工程工期、成本、改造后使用功能上的平衡。

（1）分析方法

结构分析与校核应符合国家现行设计规范的规定。根据结构类型、构件布置、性能材料和受力特点选择合适的分析方法。以混凝土结构为例，常用的结构分析方法，如表 3.1 所示。

结构分析方法及适用范围　　表 3.1

序号	分析方法	适用范围
1	线弹性分析法	最基本和最成熟的分析方法，适用于分析一般结构。结构内力的弹性分析和界面承载力的极限状态设计相结合，简单易行，按此法计算的结构，其承载力偏安全
2	考虑塑性内力重分布的分析法	本方法涉及超静定混凝土结构，具有充分发挥结构潜力，节省材料，简化设计和方便施工等优点，但结构的变形和裂缝可能相应增大
3	弹塑性分析法	引入相应的本构关系后，可进行结构受力全过程的分析，可以较好地解决各种体型和受力复杂结构的分析问题。但该法比较复杂，计算工作量大，各种非线性本构关系尚不够完善和统一，至今应用范围仍然有限
4	塑性极限分析法	塑性极限分析法又称塑性分析法或极限平衡法。此法主要用于周边有梁或墙支承的双向板设计。工程设计和施工实践经验证明，按此法进行计算和构造设计简便易行，可以保证结构的安全
5	试验分析法	对体型复杂或受力状况特殊的结构或其部分，可采用试验方法对结构的材料性能、本构关系、作用效应等进行实测或模拟，为结构分析或确定设计参数提供依据

（2）计算模型

运用结构设计软件进行建模。结合工程的实际情况和力学模型的要求，对结构进行简化处理，使其能够正确反映结构真实的受力状态。

有限元模型是进行有限元分析的计算模型，它为有限元计算提供所有必需的原始数据。建立有限元模型的过程称为有限元建模，它是整个有限元分析过程的关键，模型合理与否将直接影响计算结果的精度、计算时间的长短、存储容量的大小以及计算过程的完成情况。常用的软件有 ANSYS，SAP，ABAQUS 等，某厂房计算模型如图 3.5 所示。

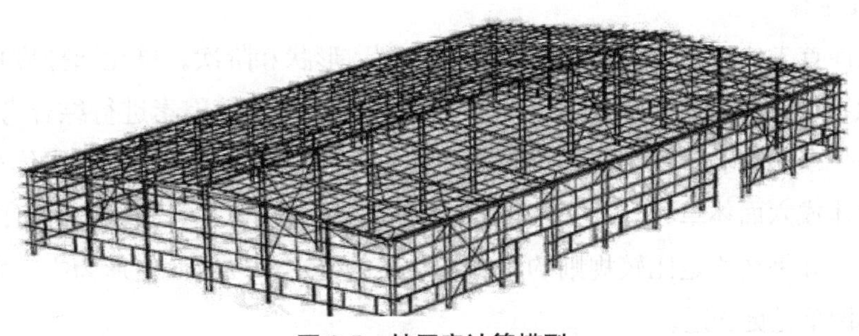

图 3.5　某厂房计算模型

（3）建模步骤

1）问题定义

在进行有限元分析之前，首先应对分析对象的形状、尺寸、工况条件、材料类型、计算内容、应力和变形的大致规律等进行仔细分析。只有正确掌握了分析对象的具体特征，才能建立合理的有限元模型。一般来讲，在定义一个分析问题时应明确以下几点：结构类型、分析类型、分析内容、计算精度要求、模型规模、计算数据的大致规律。

2）几何模型建立

几何模型是对分析对象形状和尺寸的描述，又称几何求解域。它是根据对象的实际形状抽象出来的，但不是完全照搬。即建立几何模型时，应根据对象的具体特征对形状和大小进行必要的简化、变化和处理，以适应有限元分析的特点。所以几何模型的维数特征、形状和尺寸有可能与原结构完全相同，也可能存在一些差异。

为了实现自动网格划分（简称分网），需要在计算机内建立几何模型。几何模型在计算机中的表示形式有实体模型、曲面模型和线框模型三种，具体采用哪种形式与结构类型有关，如板、壳结构采用曲面模型，空间结构采用实体模型，杆件系统采用线框模型等，如图 3.6 所示。

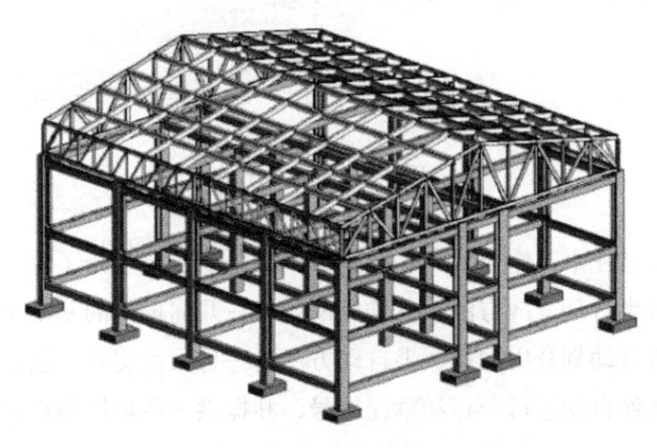

图 3.6　几何模型

3）单元选择

分网之前首先要确定单元，包括单元的类型、形状和阶次。单元选择应根据结构的类型、形状特征、应力和变形特点、精度要求和硬件条件等因素进行综合考虑。例如，如果结构是一个形状非常复杂的不规则空间结构，则应选择四面体空间实体单元，而不要选择五面体或六面体单元。如果精度要求较高、计算机容量又较大，则可以选择二次或三次单元。如果结构是比较规则的梁结构，梁的变形又以弯曲变形为主，则选择非协调单元比协调单元更合适。

此外，选择单元类型时必须局限在所使用分析软件提供的单元库内，也就是说只有软件支持的单元才能使用。从这个意义上讲，软件的单元库越丰富，其应用范围越广，建模的功能也就越强。

4）单元特性定义

单元除了表现出一定的外部形状（网格）外，还应具备一组计算所需的内部特性数据。这些数据用于定义材料特性、物理特性、辅助几何特征、截面形状和大小等。所以在生成单元以前，首先应定义出描述单元特性的各种特性表。

5）网格划分

网格划分是建立有限元模型的中心工作，前后几个步骤都是围绕分网进行的。模型的合理性在很大程度上由网格形式决定，所以分网在建模过程中是非常关键的一步。分网需要考虑的问题较多，如网格数量、疏密、质量、布局、位移协调性等，如图 3.7 所示。

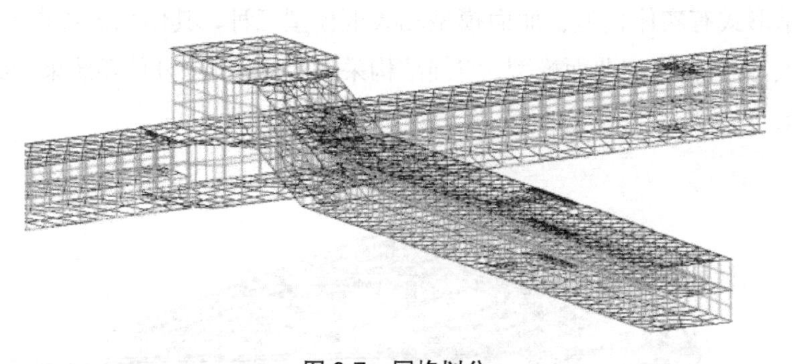

图 3.7　网格划分

分网也是建模过程中工作量最大、耗时最多的一个环节。为了提高建模速度，目前广泛采用了自动或半自动分网方法。自动分网是指在几何模型的基础上，通过一定的人为控制，由计算机自动划分出网格。半自动方法是一种人机交互方法，它由人定义节点和形成单元，由软件自动进行节点和单元编号，并提供一些加快节点和单元生成的辅助手段。

6）模型检查和处理

一般来讲，通过自动或半自动方法划分出来的网格模型还不能立即用于分析。由于结构形状和网格生成过程的复杂性，网格或多或少都存在一些问题，如质量较差、存在重合节点或单元、编号顺序不合理等，这些问题将影响计算精度和时间，或产生不合理的计算结果，甚至中止计算。所以分网之后还应该对网格模型进行必要检查，并作相应处理。

7）边界条件定义

边界条件反映了分析对象与外界之间的相互作用，是实际工况条件在有限元模型上的表现形式。只有定义了完整的边界条件，才能计算出需要的计算结果。例如，当在模型上施加了力和位移约束，才能算出结构的变形和应力分布。

建立边界条件一般需要两个环节，一是对实际工况条件进行量化，即将工况条件表示为模型上可以定义的数学形式，如确定表面压力的分布规律、对流换热的换热系数、接触表面的接触刚度、动态载荷的作用规律等，这部分工作往往需要借助一些测试数据。第二个环节是将量化的工况条件定义为模型上的边界条件，如单元面力和棱边力、惯性体力、单元表面的对流换热等。

当划分出合理的网格形式并定义了正确的边界条件后，也就建立起了完整的有限元模型，这时便可以调用相应的分析程序对模型进行计算，然后对计算结果进行显示、处理和研究。但是，对于复杂的分析对象，由于不确定因素较多，有时并不可能通过上面介绍的建模过程一次就能建模成功，而是要通过“建模——计算——分析、比较计算结果——对模型进行修正”这样一个反复过程，以使模型逐渐趋于合理。所以在建模过程中，进行适当的试算，采用由简单到复杂、由粗略到精确的建模思路是必要的。

3.1.3　性能评定

旧工业建筑再生利用决策阶段结构性能评定应根据现场实测与检测情况，在进行结构分析与校核的基础上，依据相关规定进行评定。评定内容包括可靠性评定和抗震性能评定两部分。

（1）可靠性评定

结构可靠性鉴定的类别及适用范围按照结构功能的两种极限状态可以分为两种鉴定内容，即安全性鉴定（或称承载力鉴定）和使用性鉴定（或称正常使用鉴定）。根据不同的鉴定目的和要求，安全性鉴定与使用性鉴定可分别进行，或选择其一进行，或合并成为可靠性鉴定。各类别的鉴定有不同的适用范围，按不同要求选用不同的评定类别。

可靠性鉴定分为三个层次进行评级，分别称为构件、子单元、单元。

1）单元

单元指厂房的整体或局部，以及特定的结构系统，如排架、承重墙体等。单元是性能评定的最高层次，对单元进行评级，可以反映旧工业建筑可靠性的综合性能评定结果。

2）子单元

子单元是旧工业建筑可靠性鉴定评级的中间层次，有基本单元和组合单元之分。单元中的承重结构系统、围护结构系统及结构布置与支撑系统是组合单元。承重结构系统的地基基础、混凝土结构等，则为基本单元。组合单元和基本单元的四个等级用A、B、C、D表示。

3）构件

构件是鉴定评级的最低层次。地基基础项目包括地基、基础、桩和桩基、斜坡四个项目。钢筋混凝土结构、钢结构和砌体结构项目包括承载力、构造连接、裂缝和变形等项目。由于每个构件是根据某项功能的极限状态评定的，因此，构件的评定等级是结构构件能否满足子单元功能可靠性要求的评定基础。构件的四个等级用a、b、c、d表示，如表3.2所示。

可靠性评定的内容 表3.2

<table>
<tr><th>层级</th><th>构件</th><th colspan="2">子单元</th><th>鉴定单元</th></tr>
<tr><td>等级</td><td>a_u、b_u、c_u、d_u</td><td colspan="2">A_u、B_u、C_u、D_u</td><td>A_{su}、B_{su}、C_{su}、D_{su}</td></tr>
<tr><td rowspan="2">地基基础</td><td>—</td><td>按承载力或地基变形、稳定性按项目评定地基等级</td><td rowspan="2">地基基础综合评级</td><td rowspan="7">鉴定单元安全性综合评价</td></tr>
<tr><td>单个基础等级</td><td>每种基础评级</td></tr>
<tr><td rowspan="3">上部结构
维护系统承重部分</td><td>—</td><td colspan="2">按结构布置、支撑、圈梁、结构之间的联系等项目评定结构整体性等级</td></tr>
<tr><td rowspan="2">单个构件等级</td><td colspan="2">每种构件评级</td></tr>
<tr><td colspan="2">结构侧向位移评级</td></tr>
<tr><td>维护系统承重部分</td><td>—</td><td colspan="2">按上部结构检查项目及步骤评定维护系统承重部分各层次安全性等级</td></tr>
</table>

（2）抗震性能评定

结构抗震性能评定应根据结构检测结果，进行结构体系构造宏观分析以及结构抗震能力计算，对结构在设计使用年限内能否满足抗震要求进行综合评定。抗震性能检测与评定方法应按现行《建筑抗震鉴定标准》GB 50023和《建筑抗震设计规范》GB 50011执行，按照构件、结构系统和评定单元3个层次，各层分级并逐步进行抗震性能评定，其具体评定的层次、等级划分以及工作内容和评级标准分别见表3.3。

旧工业建筑再生利用前的结构抗震性能评定应分为两级。第一级评定应以宏观控制和构造鉴定为主进行综合评定，第二级评定应以抗震验算为主结合构造影响进行综合评定。结构的抗震性能评定：当符合第一级评定的各项要求时，建筑可评为满足抗震评定

决策设计阶段结构抗震性能评定　　　　**表 3.3**

<table>
<tr><th>评定对象</th><th>构件</th><th colspan="2">结构系统</th><th>评定单元</th></tr>
<tr><td>等级</td><td>a_s、b_s、c_s、d_s</td><td colspan="2">A_s、B_s、C_s、D_s</td><td>I_s、II_s、III_s、VI_s</td></tr>
<tr><td rowspan="3">地基基础</td><td>—</td><td>地基变形评级</td><td rowspan="3">地基基础抗震承载力评级</td><td rowspan="6">旧工业建筑整体抗震性能评级</td></tr>
<tr><td>—</td><td>场地评级</td></tr>
<tr><td>按同类材料构件各个项目评定单个基础抗震承载力等级</td><td>基础构件抗震承载力评级</td></tr>
<tr><td rowspan="3">上部结构</td><td>各类构件抗震承载力评级</td><td>考虑抗震构造措施的抗侧力构件和其他构件集抗震承载力评级</td><td rowspan="3">上部结构抗震能力评级</td></tr>
<tr><td>—</td><td>结构体系、结构布置等抗震宏观控制的抗震构造等级</td></tr>
<tr><td>—</td><td>按照构造连接评定单个非承重围护结构构件等级</td></tr>
</table>

要求，不再进行第二级评定；当不符合第一级评定要求时，应由第二级评定检查其抗震措施和现有抗震承载力再做出判断。当抗震措施不满足评定要求而现有抗震承载力较高时，可通过构造影响系数进行综合抗震能力评定；当抗震措施满足评定要求时，主要抗侧力构件的抗震承载力不低于规定的 95%、次要抗侧力构件的抗震承载力不低于规定的 90%，可不要求进行加固处理。

3.2　施工建造阶段

每个建筑项目的建设包括了很多阶段，其中建筑的施工阶段是最主要的也是持续时间相当长的一个阶段，而影响这一阶段发展的因素有很多，例如设计图纸、构件尺寸、材料强度发展、不同工艺的施工荷载、材料种类、测量放线的准确性等可控因素以及洪水、地震等不可控因素。施工过程受到这些因素影响会造成结构成型状态与设计理想状态在内力状态和几何形状等方面存在差异，这种差异严重时可能对整个结构的安全施工造成较大的威胁。为完成设计目标而结合现代控制理论，在施工过程中采用可行的科学技术手段对施工中的各项物理力学等数据进行预测、监控、调整，对施工中可能出现的不利于施工进展的各方面因素进行全面评估的一系列复杂过程被称为施工控制。

施工控制可分为事前控制、事中控制和事后控制。运用有限元软件对施工过程进行模拟，并提前预警和优选施工方案，就属于事前控制的一个重要方法。这种方法是随着计算机应用软件的不断发展，将传统的专业知识结合新型的模拟软件运用到工程实际施工过程中的一种施工控制新技术，目前已被广泛应用。随着我国城镇化进程的不断加快，新材料和新工艺的不断涌现，施工过程控制也逐渐变得越来越重要和困难。考虑到旧工业建筑再生利用项目工艺材料的不断创新以及工况的特殊性，旧工业建筑再生利用项目的施工也需要更加完善的施工控制体系。

3.2.1　安全分析

（1）施工过程

旧工业建筑再生利用施工建造阶段结构分析建立的仿真模型，反映施工过程中结构状态和刚度变化，通过施加与施工状态相一致的荷载与作用，得出结构内力和变形。施工过程结构分析依据设计文件、施工方案和现场记录。现场记录内容如表 3.4 所示。

现场施工记录　　　　表 3.4

序号	对象	内容	细节
1	受损设备	拆除记录	—
2	主体结构	过程记录	工艺方法、工序流程、施工周期
3	施工机械	堆载记录	施工机械、施工设备、临时堆载
4	重要构件	变化记录	连接方式、临时补强
5	施工环境	变化记录	—
6	加固材料	试验记录	—
7	室内装修	安装记录	室内装修、围护结构等
8	其他	—	—

这些因素与旧工业建筑再生利用施工过程结构安全密切相关。从可行性的角度出发，针对核心传力构件应该按照每一个单独构件分析，次要及非次要传力构件不必针对每一杆件单独进行分析，而是将同一时段的一组构件统一进行记录，时段的选取应满足施工建造阶段结构分析精度，如图 3.8、图 3.9 所示。

图 3.8　临时堆载

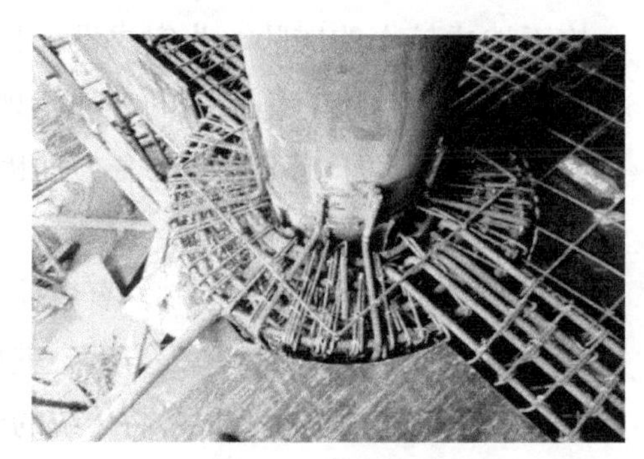

图 3.9　节点连接

（2）工况分析

不同工况下起决定性作用的因素也不尽相同。为了确保结构的安全性，根据表 3.5 选择恰当的工况进行分析。将施工建造过程结构分析按建造对象的区域大小、涉及的施工过程长短进行分析，实际操作时根据具体情况确定分析内容。

工况分析内容及适用条件　　　　表 3.5

序号	工况分析内容	适用条件
1	施工建造过程结构分析	整体安全性评级低
2	部分施工过程结构分析	局部安全性评级低
3	部分施工过程局部结构分析	个别构件安全性评级低
4	临时加强措施及结构分析	特殊构造及工艺

施工临时加强措施的分析，包括大型机械设备、脚手架、支撑体系对结构安全影响的分析，如图 3.10、图 3.11 所示。通过结构分析验证施工中主体结构、临时措施构造及相关结构构件的安全性并采取临时加固措施。

图 3.10　脚手架搭设

图 3.11　顶板支模

（3）荷载作用

施工建造过程结构分析应考虑永久荷载和可变荷载。再生利用项目工程实际考虑地基沉降、风雪荷载、结构自重、地面铺装和固定设备等附加恒载，幕墙荷载，施工机械和模板支撑等活荷载。施工建造过程中，地震作用通常不会发生，而风雪荷载则是瞬时作用。因此，施工过程结构分析中采用荷载标准组合效应值即可，不计入风雪荷载和地震作用影响。

除结构自重外，荷载应根据实际施工情况，结合施工进度确定。当缺乏准确数据时，工作面上施工活荷载标准值按表 3.6 选取。

工作面施工活荷载 表 3.6

序号	描述	均布荷载（kN/m²）
1	少量人工，手动工具，零星建筑堆材，无脚手架	0.5 ~ 0.6
2	少量人工，手动操作的小型设备，为进行轻型结构施工用的脚手架	1.0 ~ 1.2
3	人员较集中，有中型机械，为进行中型结构施工用的脚手架	2.2 ~ 2.5
4	人员较集中，有较大型设备，为进行重型结构施工用的脚手架	3.5 ~ 4.0

室内装修荷载主要指找平层、建筑面层、粉刷层、轻质隔墙等；工作面上施工活荷载标准值参考 ASCE37-02，可按表 3.7 执行。表中荷载不包括恒荷载、施工荷载、固定材料负载。

施工活荷载参考值 表 3.7

序号	描述		均布荷载 psf（kN/m²）
1	微量荷载	稀少的人，手动工具，少量建筑材料	20（0.96）
2	轻度负载	稀少的人，手动操作的设备，轻型结构施工中的脚手架	25（1.2）
3	中等负载	人员集中，中型结构施工中的脚手架	50（2.4）
4	重度负载	需电动设备放置的材料，重型结构施工中的脚手架	75（3.59）

3.2.2 分析方法

近年来，随着大型复杂的建筑结构越来越多，学者们对施工过程模拟分析理论在建筑领域的应用研究和成果也越来越多。施工仿真模拟分析在建筑工程中的应用也相对成熟。国内在这方面有较深入研究的专家学者有清华大学郭彦林教授，浙江大学董石麟院士、罗尧治教授等。他们针对各自研究的不同结构类型进行了施工仿真模拟理论和实践研究，得出了不少重要成果。虽然他们研究的结构形式不尽相同，但是不论何种结构形式，他们的模拟分析方法基本相同，主要有以下三种方法：正装分析法、倒装分析法、无应力分析法。

（1）正装分析法

正装分析法是指严格按照施工方案计划的施工顺序，对施工过程进行逐步推进模拟仿真分析并得出各施工阶段的各项控制参数，并以此作为实际施工过程控制的理论依据。正装分析法主要有以下几个特点：

1）由于正装分析法是严格按照施工预案进行模拟，该方法受施工预案影响大，所以在分析前必须有详细的施工方案，保证各模拟阶段结果的准确性和可靠性。

2）该方法模拟是按从前到后的顺序依次进行模拟，所以每个阶段的模拟均以之前完成的阶段为分析基础，结构后一阶段的力学和变形性能与之前各阶段施工联系紧密。

3）该方法能够对施工过程中一些影响结构形成历程和力学变形的因素予以考虑，这些因素包括施工荷载、风荷载、结构非线性变化以及混凝土的收缩徐变等。

4）各阶段的结构内力和变形都是由本阶段外力和之前各阶段结构受力平衡和变形协调所产生。

5）正装分析法对各个阶段的分析结果精度高，能为结构验算提供可靠数据支持。

所以，正装分析法是目前了解结构施工过程中不同阶段的内力和变形状态的最优方法。但是正装分析法对施工方案详细度要求较高，施工初始状态确定工作难度较大，因此，其适用于施工方案确定且详尽的工程施工过程模拟分析。

（2）倒装分析法

倒装分析法与正装分析法相反，初始状态是已成型建筑结构，各阶段的施工控制关键参数是按施工方案反序倒推模拟计算求得。然后，将这些数据匹配应用到每个阶段的施工控制中完成控制工作，从而保证工程按理想状态完成。这种方法有以下几个特点：

1）倒装分析法必须依靠正装分析法确定结构分析初始状态。

2）结构某一构件被拆除后必须用结构拆除前所受力的反力施加在剩余结构上，以确定正向前一步的变形内力状态。

3）倒装分析法只适用于对几何非线性变化较小的小型结构，若用于几何非线性变化较大的大型复杂结构，难以保证结果准确性，需要对数据进行修正。

4）由于倒装分析是按结构成型逆过程进行模拟分析，所以对于混凝土收缩徐变等材料时间效应对结构内力和变形的影响无法有效考虑。

（3）无应力分析法

无应力分析法是指运用结构构件无应力状态下形态保持不变的原理对结构状态进行分析的一种方法。因为在结构建造过程中或成型后，各构件或单元的无应力状态是恒定不变的，不会受到结构温度变化、位移变化、荷载变化等因素的影响。所以这种方法常常被用于确定结构构件的初始下料长度，但不适用于控制结构当前状态以及预测未来所处的实际状态。

3.2.3 模型构建

首先建立初始模型，按照卸载顺序进行编号和分组；然后按照方案设计进行分步拆除，并且在每个步骤结束阶段输出剩余的内力和支撑点的竖向位移。这样既满足了卸载过程的连续性，也保证了上步施工产生的内力和变形作为下阶段的初始状态参与模拟计算。

（1）有限元模型构建

如图 3.12 所示，以某旧工业建筑再生利用项目为例，采用 SAP2000 有限元软件对不同荷载方案施工过程进行仿真模拟。

（2）各主要构件及节点模拟设置

结构中各层楼板和剪力墙的模拟采用的均是分层壳模型，模拟板内的配筋情况，配

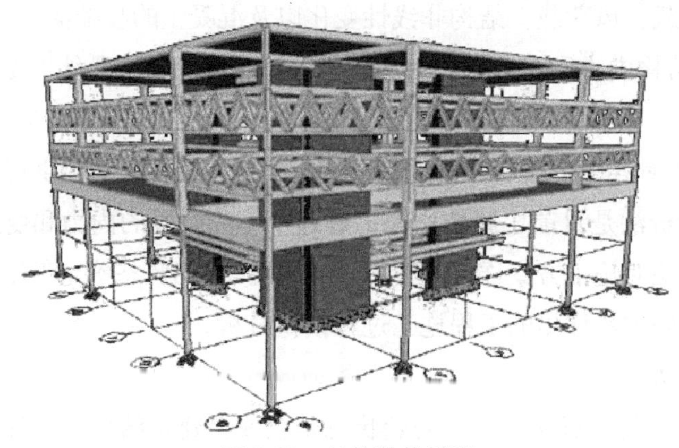

图 3.12　结构整体模型

筋信息和材料配置均是按照工程实际情况设置。具体设置如图 3.13 所示。

结构中的主次梁和柱均采用框架 / 索单元模拟，并根据实际工程中的构件尺寸和材料信息对不同的杆结构添加截面属性，图 3.14 为截面属性设置图。

钢桁架结构也是采用框架 / 索单元进行模拟，不过根据桁架的受力特性，其腹杆为只受拉压力的二力杆，所以对桁架的腹杆部分设置了弯矩和扭矩释放，支撑胎架和桁架腹杆做了相同的释放处理，且支撑胎架设置只受压，释放设置如图 3.15 所示。

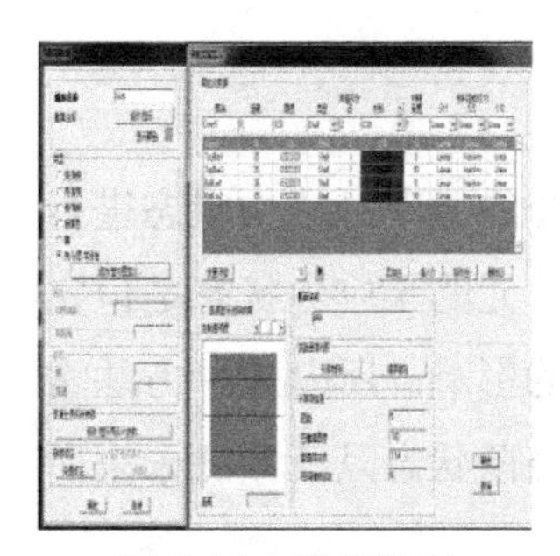

图 3.13　楼板模拟

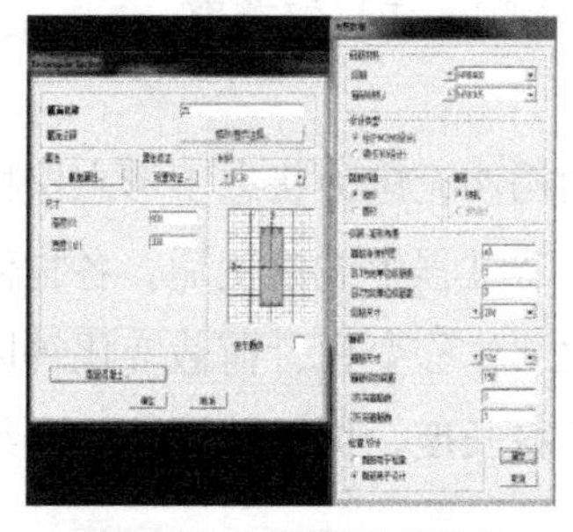

图 3.14　主梁截面模拟

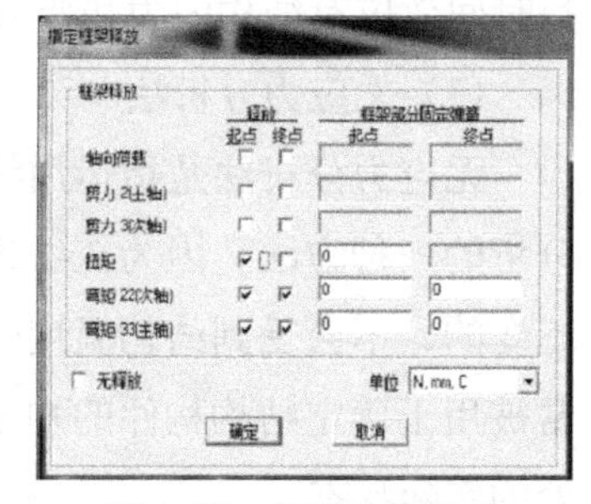

图 3.15　杆端弯矩释放

（3）参数取值

1）荷载的施加顺序

旧工业建筑再生利用施工过程的荷载施加顺序应根据实际情况而定。施工过程结构安全分析时各阶段的结构自重、面层等恒载与施工堆载、设备等施工活荷载宜根据实际情况分别考虑施加，荷载细分程度应满足分析精度。实际结构特别是在钢 - 混凝土混合结构施工过程中，混凝土楼板浇筑往往会滞后主体结构施工一段时间。此外，面层、吊顶幕墙等附加恒载往往滞后更多，上述荷载的施加顺序应以满足分析精度为宜。

2）材料性能取值

新增材料性能设计指标应按设计文件及国家现行有关标准的规定采用，原有结构材料性能指标应按现场实测值的规定进行。混凝土结构宜考虑混凝土实测强度与设计要求偏差的影响。实际工程施工中，混凝土强度通常会比设计要求的强度高，为提高施工过程结构分析结果的准确度，当条件允许时，宜采用实际混凝土设计强度值对应的混凝土弹性模量作为输入参数。对于大跨度混凝土工业建筑结构宜考虑混凝土收缩与徐变的影响。混凝土收缩和徐变的发展过程目前国内外尚无十分精确的计算公式，发展过程是与众多因素相关的非线性曲线。因此，准确、定量分析的难度很大，无法要求每一实际施工过程结构分析时计入其影响。混凝土收缩和徐变可能对结构安全性产生不利影响，当对结构产生设计或建设不可接受的偏差时，建议采用简化方法评估其影响。简化方法如下：选取单榀模型进行混凝土收缩和徐变的影响分析，得出规律后，推算到整体结构中；假定混凝土强度为 0 或为设计强度的 25%、50%、75%、100%等多种不同情况，分别进行验算；将混凝土收缩换算为当量的降温作用进行考虑。

3）荷载参数取值

施工过程分析时，若新增框架 - 剪力墙或剪力墙结构中的连梁刚度不宜折减，现浇钢筋混凝土框架梁的梁端负弯矩调幅系数宜取 1.0。施工过程中，剪力墙中连梁通常都处于弹性工作状态，与地震作用下连梁可能受损或破坏有明显不同。在施工过程结构分析中，连梁刚度不进行折减。施工过程中，楼面上作用的荷载通常比结构设计时采用的荷载小，施工过程中框架梁梁端负弯矩应小于正常设计值，且负弯矩调幅程度应小于正常设计时的梁端负弯矩调整幅度。参考《高层建筑混凝土结构技术规程》JGJ 3—2010 的规定，现浇框架梁梁端负弯矩调幅系数宜取 0.8 ～ 0.9。因此，施工过程结构分析时框架梁梁端负弯矩调幅系数宜取 1.0。

3.3　工程验收阶段

旧工业建筑再生利用项目的加固方法均可划分为子分部工程。由于加固方法较多，在此以增大截面法为例，介绍有关检验批和分项工程的验收标准。依据《混凝土结构工程施工质量验收规范》GB 50204—2015 和《建筑结构加固工程施工质量验收规范》GB 50550—2010，增大截面法可划分为清理和修整原结构、安装新增钢筋及连接、界面处理、安装模板、浇筑混凝土、养护及拆模、施工质量检验共计七项分项工程，对于各分项工程又可按楼层、施工段等划分为检验批。部分工序如图 3.16 所示。

3.3.1　工序质量检验

旧工业建筑再生利用项目的工序质量检验是实施质量管理工作的重点。工序质量检验是指为防止不合格品流入下道工序，而对各道工序加工的产品及影响产品质量的主要工序要素所进行的检验。其作用是根据检测结果对产品做出判定，即产品质量是否符合

(a) 既有结构清理　　(b) 安装钢筋　　(c) 养护拆模

图 3.16　增大截面法部分施工工序

规格标准的要求；根据检测结果对工序做出判定，即工序要素是否处于正常的稳定状态，从而决定该工序是否能继续进行生产。

（1）界面处理

界面处理的质量直接关系到增大截面部分与原构件之间的界面能否结合良好，加固后的结构、构件是否具有可靠的共同工作性能。其质量检验项目、数量和方法如表 3.8 所示。

界面处理质量检验项目、数量和方法　　　　**表 3.8**

类别	序号	内容	检验数量	检验要求	检验方法
主控项目	1	界面凿毛或凿成沟槽	全数检验	1. 花锤打毛：宜用 1.5 ~ 2.5kg 的尖头錾石花锤，在混凝土粘合面上錾出麻点，形成点深约 3mm、点密度为 600 ~ 800 点 /m^2 的均匀分布；也可錾成点深 4 ~ 5mm、间距约 30mm 的梅花形分布； 2. 砂轮机或高压水射流打毛：在混凝土粘合面上打出垂直于构件轴线、纹深为 3 ~ 4mm、间距约 50mm 的横向纹路； 3. 人工凿沟槽：宜用尖锐、锋利凿子，在坚实混凝土粘合面上凿出方向垂直于构件轴线、槽深约 6mm、间距为 100 ~ 150mm 的横向沟槽	观察和触摸；有争议时，可用测深仪复查其平均深度
	2	涂刷结构界面胶（剂）	全数检验	界面胶（剂）的涂刷方法及质量要求应符合该产品使用说明书及施工图说明的规定	观察，并检查界面胶（剂）复验报告、剪切销钉锚固承载力现场检验报告以及施工记录
	3	钢筋除锈	全数检验	若发现锈蚀已导致其截面削弱严重，尚应通知设计单位，并按设计补充图纸进行补筋	按图核对，并检查施工记录
一般项目	4	原构件表面	全数检验	应对原构件表面界面处理质量进行复查，不得有漏剔除的松动石子、浮砂，漏补的裂缝和漏清除的其他污垢等	观察，并辅以钢丝刷或其他小工具检查

（2）新增截面施工

增大截面法的施工应与实际的施工条件相适应，不能脱离实际条件盲目施工，并应该采取一定措施保证新旧混凝土结构部分的粘结质量，提高加固构件的整体工作性能。对于高湿、高温或者腐蚀冻融等特殊环境，在设计和施工中应采取明确有效的措施进行防治，并按照标准施工工法进行施工。同时在施工中应该注意避免不必要的更改和拆换，增加不必要的经济成本。其施工质量检验项目、数量和方法如表3.9所示。

新增截面施工质量检验项目、数量和方法　　表3.9

类别	序号	内容	检验数量	检验要求	检验方法
主控项目	1	连接和安装	全数检验	新增受力钢筋、箍筋及各种锚固件、预埋件与原构件的连接和安装	观察、钢尺检查
	2	混凝土的强度等级	—	取样与留置试块应符合下列规定： 1. 每拌制50盘（不足50盘，按50盘计），同一配合比的混凝土，取样不得少于一次； 2. 每次取样应至少留置一组标准养护试块；同条件养护试块的留置组数应根据混凝土工程量及其重要性确定，且不应少于3组	检查施工记录及试块强度试验报告
	3	试块不慎丢失、漏取或受损	按取样规则确定	应经监理单位核实并同意后，由独立检测机构选用适宜的现场非破损检测方法推定新增混凝土强度	按规定的检测方法执行，并检查现场非破损检测报告
一般项目	4	混凝土养护	全数检验	1. 在浇筑完毕后应及时对混凝土加以覆盖并在12h以内开始浇水养护； 2. 混凝土浇水养护的时间：对采用硅酸盐水泥、普通硅酸盐水泥或矿渣硅酸盐水泥拌制的混凝土，不得少于7d；对掺用缓凝剂或有抗渗要求的混凝土，不得少于14d； 3. 浇水次数应能保持混凝土处于湿润状态；混凝土养护用水的水质应与拌制用水相同； 4. 采用塑料布覆盖养护的混凝土，其敞露的全部表面应覆盖严密，并应保持塑料布内表面有凝结水； 5. 混凝土强度达到1.2MPa前，不得在其上踩踏或安装模板及支架	观察，检查施工记录

（3）模板工程

模板工程是指使新浇混凝土成型的模板以及支承模板的一整套构造体系，其中，接触混凝土并控制预定尺寸、形状、位置的构造部分称为模板，支持和固定模板的杆件、桁架、联结件、金属附件、工作便桥等构成支承体系，对于滑动模板、自升模板则增设提升动力以及提升架、平台等。模板工程在混凝土施工中是一种临时结构，其施工质量控制的项目、要求等如表3.10所示。

模板工程施工质量检验项目、数量和方法　　表 3.10

<table>
<tr><th>类别</th><th>序号</th><th>内容</th><th>检验数量</th><th>检验要求</th><th>检验方法</th></tr>
<tr><td rowspan="2">主控项目</td><td>1</td><td>模板承载力</td><td>全数检验</td><td colspan="2">安装现浇结构的上层模板及其支架时，下层模板应具有承受上层荷载的承载能力，或架设支架；上、下层支架的立柱应对准，并铺设垫板</td></tr>
<tr><td>2</td><td>模板隔离剂</td><td>全数检验</td><td colspan="2">在涂刷模板隔离剂时，不得沾污钢筋和混凝土接槎处</td></tr>
<tr><td rowspan="10">一般项目</td><td>3</td><td>模板安装</td><td>全数检验</td><td>1. 模板的接缝不应漏浆；在浇筑混凝土前，木模板应浇水湿润，但模板内不应有积水；
2. 模板与混凝土的接触面应清理干净并涂刷隔离剂，但不得采用影响结构性能或妨碍装饰工程施工的隔离剂；
3. 浇筑混凝土前，模板内的杂物应清理干净；
4. 对清水混凝土工程及装饰混凝土工程，应使用能达到设计效果的模板</td><td>观察</td></tr>
<tr><td rowspan="9">4</td><td rowspan="9">安装偏差</td><td colspan="2">项目</td><td>允许偏差(mm)</td></tr>
<tr><td colspan="2">预埋钢板中心线位置</td><td>3</td></tr>
<tr><td colspan="2">预埋管、预留孔中心线位置</td><td>3</td></tr>
<tr><td rowspan="2">插筋</td><td>中心线位置</td><td>5</td></tr>
<tr><td>外露长度</td><td>+10，0</td></tr>
<tr><td rowspan="2">预埋螺栓</td><td>中心线位置</td><td>2</td></tr>
<tr><td>外露长度</td><td>+10，0</td></tr>
<tr><td rowspan="2">预留洞</td><td>中心线位置</td><td>10</td></tr>
<tr><td>尺寸</td><td>+10，0</td></tr>
</table>

注：检查中心线位置时，应沿纵横两个方向量测，并取其中的较大值。

模板拆除工序的质量控制，主要包括底模及其支架拆除时的混凝土强度应满足设计要求，后浇带模板和后张法预应力混凝土结构构件楼板应满足施工技术方案要求等。

（4）混凝土工程

混凝土工程包括混凝土的拌制、运输、浇筑捣实和养护等施工过程。各个施工过程既相互联系，又相互影响。在混凝土施工过程中，除按有关规定控制混凝土原材料质量外，任一施工过程处理不当都会影响混凝土的最终质量。混凝土分项工程是从水泥、砂、石、水、外加剂等原材料进场检验，混凝土配合比设计及称量，搅拌，运输，浇筑，养护，试件制作直至混凝土达到预定强度等一系列技术工作和完成实体的总称。混凝土分项工程所含的检验批可根据施工工序和验收的需要确定，如表 3.11 所示。

3.3.2 施工质量检验

现浇结构分项工程的质量检验包括外观质量和结构尺寸偏差等，如图 3.17 所示。

混凝土工程质量检验项目、数量和方法　　表 3.11

<table>
<tr><th>类别</th><th>序号</th><th>内容</th><th>检验数量</th><th colspan="2">检验要求</th><th>检验方法</th></tr>
<tr><td rowspan="8">主控项目</td><td>1</td><td>混凝土强度等级</td><td>取样与试件留置应符合下列规定：
①每拌制 50 盘（不足 50 盘，按 50 盘计）的同配合比的混凝土，取样不得少于一次；
②每次取样应至少留置一组标准养护试件；同条件养护试件的留置组数应根据混凝土工程量及其重要性确定，且不应少于 3 组</td><td colspan="2">结构混凝土的强度等级必须符合设计要求，用于检查结构构件混凝土强度的试件，应在混凝土的浇筑地点随机抽取</td><td>检查施工记录及试件强度试验报告</td></tr>
<tr><td>2</td><td>抗渗混凝土试件</td><td>同一工程、同一配合比的混凝土，取样不应少于一次，留置组数可根据实际需要确定</td><td colspan="2">对有抗渗要求的混凝土结构，其混凝土试件应在浇筑地点随机取样</td><td>检查试件抗渗试验报告</td></tr>
<tr><td rowspan="5">3</td><td rowspan="5">原材料每盘承重偏差</td><td rowspan="5">每工作班抽查不应少于一次</td><td colspan="2">原材料每盘称量的允许偏差</td><td rowspan="5">复称</td></tr>
<tr><td>材料名称</td><td>允许偏差</td></tr>
<tr><td>水泥、掺合料</td><td>±2%</td></tr>
<tr><td>粗、细骨料</td><td>±3%</td></tr>
<tr><td>水、外加剂</td><td>±2%</td></tr>
<tr><td>4</td><td>混凝土运输、浇筑及间歇</td><td>全数</td><td colspan="2">①混凝土运输、浇筑及间歇的全部时间不应超过混凝土的初凝时间。同一施工段的混凝土应连续浇筑，并应在底层混凝土初凝前将上一层混凝土浇筑完毕。
②当底层混凝土初凝后浇筑上层混凝土时，应按施工技术方案中对施工缝的要求进行处理</td><td>观察、检查施工记录</td></tr>
<tr><td rowspan="3">一般项目</td><td>1</td><td>施工缝</td><td>全数</td><td colspan="2">施工缝的位置应在混凝土浇筑前按设计要求和施工技术方案确定。施工缝的处理应按施工技术方案执行</td><td>观察、检查施工记录</td></tr>
<tr><td>2</td><td>后浇带</td><td>全数</td><td colspan="2">后浇带的位置应按设计要求和施工技术方案确定。后浇带混凝土上浇筑应按照施工技术方案执行</td><td>观察、检查施工记录</td></tr>
<tr><td>3</td><td>养护措施</td><td>全数</td><td colspan="2">①应在浇筑完毕后 12h 以内对混凝土加以覆盖并保湿养护；
②混凝土浇水养护的时间：对采用硅酸盐水泥、普通硅酸盐水泥或矿渣硅酸盐水泥拌制的混凝土，不得少于 7d；对掺用缓凝外加剂或有抗渗要求的混凝土，不得少于 14d；
③浇水次数应能保持混凝土处于湿润状态；混凝土养护用水应与拌制用水相同；
④采用塑料不覆盖的混凝土，其敞露的全部表面应覆盖严密，并应保持塑料布内有凝结水；
⑤混凝土强度达到 1.2N/mm^2 前，不得在其上踩踏或安装模板及支架</td><td>观察、检查施工记录</td></tr>
</table>

(a) 露筋

(b) 空洞

(c) 夹渣

图 3.17 现浇结构常见质量问题

(1) 现浇结构的外观质量不应有严重缺陷；对已经出现的严重缺陷，应由施工单位提出技术处理方案，并经监理（建设）单位认可后进行处理。对经处理的部位，应重新检查验收。结构外观质量检验项目、数量、方法和要求如表 3.12 所示。

结构外观质量检验项目、数量、方法和要求 **表 3.12**

类别	检验内容	检验数量	检验要求及指标				检验方法
			名称	现象	严重缺陷	基本缺陷	
主控项目	浇筑质量缺陷	全数检查	露筋	构件内钢筋未被混凝土包裹而外露	纵向受力钢筋有露筋	其他钢筋有少量露筋	观察、测量或超声法检测，并检查技术处理方案和返修记录
			蜂窝	混凝土表面缺少水泥砂浆面，形成石子外露	构件主要受力部位有蜂窝	其他部位有少量蜂窝	
			孔洞	混凝土中孔穴深度和长度均超过保护层厚度	构件主要受力部位有孔洞	其他部位有少量孔洞	
			夹渣	混凝土中夹有杂物且深度超过保护层厚度	构件主要受力部位有夹渣	其他部位有少量夹渣	
			内部疏松或分离	混凝土中局部不密实或新旧混凝土之间分离	构件主要受力部位有疏松	其他部位有少量疏松	
			裂缝	缝隙从混凝土表面延伸至混凝土内部	构件主要受力部位有影响结构性能或使用功能的裂缝	其他部位有少量不影响结构性能或使用功能的裂缝	
			连接部位缺陷	构件连接处混凝土	连接部位松动或有影响结构性能或使用性能的缺陷	连接部位有尚不影响结构传力性能的缺陷	
			外形缺陷	缺棱掉角、棱角不直、翘曲不平、飞边凸肋等	清水混凝土构件有影响使用功能或装饰效果的外形缺陷	其他混凝土的构件有不影响使用功能的外形缺陷	
			表面缺陷	构件表面掉皮起砂	用刮板检查，其深度大于 5mm	仅有深度不大于 5mm 的局部凹陷	

续表

类别	检验内容	检验数量	检验要求及指标				检验方法
			名称	现象	严重缺陷	基本缺陷	
一般项目	外观质量	全数检查	现浇结构的外观质量不宜有一般缺陷，对已经出现的一般缺陷，应由施工单位按技术处理方案进行处理，并重新检查验收				观察、检察技术处理方案

（2）新旧混凝土结合面质量偏差检验项目、数量、方法和要求如表 3.13 所示。

新旧混凝土结合面质量偏差检验项目、数量、方法和要求　　表 3.13

类别	序号	检验内容	检验数量	检验要求	检验方法
主控项目	1	粘结质量	每一截面，每隔 100 ~ 300mm 布置一个测点	新旧混凝土结合面粘结质量应良好，判定为结合不良的测点数不应超过总点数的 10%，且不应集中出现在主要受力部位	锤击或超声波检测
	2	粘结强度	按照现行《建筑结构加固工程施工质量验收规范》GB 50550 规定的抽样方案	当设计对粘结强度有复检要求时，应在新增混凝土强度达到设计强度之日，进行新旧混凝土抗拉强度 (f_t) 的见证检测检验。检验结果 $f_t \geq 1.5$MPa，且应为正常破坏	按照现行《建筑结构加固工程施工质量验收规范》GB 50550 规定的方法

（3）对结构实体钢筋保护层厚度的检验，其检验范围主要是钢筋位置可能显著影响承载力和耐久性的构件和部位，如梁、板类构件的纵向受力钢筋。由于悬臂构件上部受力钢筋移位可能严重削弱结构构件的承载力，故更应重视对悬臂构件受力钢筋保护层厚度的检验。新增构件的保护层厚度质量检验项目、数量、方法和要求如表 3.14 所示。

新增构件的保护层厚度质量检验项目、数量、方法和要求　　表 3.14

类别	序号	内容	数量	方法	允许偏差
主控项目	1	梁类构件混凝土保护层	应抽取构件数量的 2% 且不少于 5 个构件进行检验；当有悬挑构件时，抽取的构件中，悬挑梁类、板类构件所占比例均不宜少于 50%	（1）应对全部纵向受力钢筋的保护层厚度进行检验；对每根钢筋，应在有代表性的部位测量 1 点。 （2）当全部钢筋保护层厚度检验的合格率为 90% 及以上时，钢筋保护层厚度的检验结果应判为合格。每次抽样检验结果中不合格点的最大偏差均不应大于规定允许偏差的 1.5 倍	钢筋保护层厚度检验时，纵向受力钢筋保护层厚度的允许偏差，对构件为 +10mm，−7mm
	2	板类构件混凝土保护层	应抽取构件数量的 2% 且不少于 5 个构件进行检验；当有悬挑构件时，抽取的构件中，悬挑梁类、板类构件所占比例均不宜少于 50%	（1）对选定的板类构件，应抽取不少于 6 根纵向受力钢筋的保护层厚度进行检验。 （2）当全部钢筋保护层厚度检验的合格点为 90% 及以上时，钢筋保护层厚度的检验结果应判为合格。每次抽样检验结果中不合格点的最大偏差均不应大于规定允许偏差的 1.5 倍	钢筋保护层厚度检验时，纵向受力钢筋保护层厚度的允许偏差，对构件为 +8mm，−5mm

续表

类别	序号	内容	数量	方法	允许偏差
主控项目	3	增大截面法的梁类受弯构件混凝土保护层	应符合现行《混凝土结构工程施工质量验收规范》GB 50204的规定	应符合现行《混凝土结构工程施工质量验收规范》GB 50204的规定；对梁类受弯构件保护层允许偏差为+10mm，−3mm	应符合现行《混凝土结构工程施工质量验收规范》GB 50204的规定
	4	增大截面法板类构件混凝土保护层	应符合现行《混凝土结构工程施工质量验收规范》GB 50204的规定	应符合现行《混凝土结构工程施工质量验收规范》GB 50204的规定；对板类构件保护层允许偏差为+8mm，无负偏差	应符合现行《混凝土结构工程施工质量验收规范》GB 50204的规定

3.3.3 竣工验收检测

旧工业建筑再生利用项目的竣工验收是施工过程的最后一道程序，也是工程项目管理的最后一项工作。它是再生利用成果转入生产或使用的标志，也是全面考核投资效益、检验设计和施工质量的重要环节。因此，对于旧工业建筑再生利用项目的竣工验收应按照严格标准执行。建筑工程质量验收的合格标准，包括检验批、分项工程、分部工程和单位工程的验收合格标准。

（1）检验批

结构加固改造分项工程中的检验批是工程施工质量验收的最小单位，是分项工程乃至整个建筑工程质量验收的基础。检验批质量验收应由专业监理工程师组织施工单位项目专业质量检查员、专业工长等进行。

1）主控项目包括的主要内容：①工程材料、构配件和设备的技术性能等。如水泥、钢材的质量；预制墙板、门窗等构配件的质量；风机等设备的质量。②涉及结构安全、节能、环境保护和主要使用功能的检测项目。如混凝土、砂浆的强度；钢结构的焊缝强度；管道的压力试验；风管的系统测定与调整；电气的绝缘、接地测试；电梯的安全保护、试运转结果等。③一些重要的允许偏差项目，必须控制在允许偏差限值之内。

2）一般项目包括的主要内容：①在一般项目中允许有一定偏差的项目，用数据规定的标准，可以有个别偏差范围。②对不能确定偏差值而又允许出现一定缺陷的项目，则以缺陷的数量来区分。如砖砌体预埋拉结筋，其留置间距偏差；混凝土钢筋露筋，露出一定长度等。③其他一些无法定量的而采用定性的项目。如碎拼大理石地面应颜色协调，无明显裂缝和坑洼等。

3）具有完整的施工操作依据、质量验收记录。

质量控制资料反映了检验批从原材料到最终验收的各施工工序的操作依据、检查情况以及保证质量所必需的管理制度等。对其完整性的检查，实际是对过程控制的确认，这是检验批质量验收合格的前提。质量控制资料主要为：①图纸会审记录、设计变更通知单、工程洽商记录、竣工图；②工程定位测量、放线记录；③原材料出厂合格证书及进场检验、试验报告；④施工试验报告及见证检测报告；⑤隐蔽工程验收记录；⑥施工记录；⑦按专业质量验收规范规定的抽样检验、试验记录；⑧分项、分部工程质量验收记录；⑨工程质量事故调查处理资料；⑩新技术论证、备案及施工记录。

（2）分项工程

分项工程质量验收应由专业监理工程师组织施工单位项目技术负责人等进行。验收前，施工单位应对施工完成的分项工程进行自检，合格后填写分项工程质量验收记录及分项工程报审、报验表，并报送项目监理机构申请验收。专业监理工程师对施工单位所报资料逐项进行审查，符合要求后签认分项工程报审、报验质量验收记录。分项工程所含检验批的质量验收均应合格，且记录完整。

分项工程的验收是在检验批的基础上进行的。一般情况下，检验批和分项工程两者具有相同或相近的性质，只是批量的大小不同而已，将有关的检验批汇集构成分项工程。

实际上，分项工程质量验收是一个汇总统计的过程，只要构成分项工程的各检验批的质量验收资料完整，并且均已验收合格，则分项工程质量验收合格。因此，在分项工程质量验收时应注意以下三点：

1）核对检验批的部位、区段是否全部覆盖分项工程的范围，有无缺漏的部位。

2）一些在检验批中无法检验的项目，在分项工程中直接验收。如砌体工程中的全高垂直度、砂浆强度的评定。

3）检验批验收记录的内容及签字人是否正确、齐全。

（3）分部工程

分部工程质量验收是在其所含各分项工程质量验收的基础上进行的。首先，分部工程所含各分项工程必须已验收合格且相应的质量控制资料齐全、完整，这是验收的基本条件。此外，由于各分项工程的性质不尽相同，因此作为分部工程不能简单地组合而加以验收，尚须进行以下两方面的检查项目：

1）涉及安全、节能、环境保护和主要使用功能等的抽样检验结果应符合相应规定。即涉及安全、节能、环境保护和主要使用功能的地基与基础、主体结构和设备安装等分部工程应进行有关见证检验或抽样检验。如建筑物垂直度、标高、全高测量记录，建筑物沉降观测测量记录，给水管道通水试验记录，暖气管道、散热器压力试验记录，照明全负荷试验记录等。总监理工程师应组织相关人员，检查各专业验收规范中规定检测的项目是否都进行了检测；查阅各项检测报告（记录），核查有关检测方法、内容、程序、检测结果等是否符合有关标准规定；核查有关检测单位的资质，见证取样与送样人员资格，检测报告出具单位负责人的签署情况是否符合要求。

2）观感质量验收，这类检查往往难以定量，只能以观察、触摸或简单量测的方式进行观感质量验收，并由验收人主观判断，综合给出“好”“一般”“差”的质量评价结果。

所谓“一般”是指观感质量检验能符合验收规范的要求；所谓“好”是指在质量符合验收规范的基础上，能到达精致、流畅的要求，细部处理到位、精度控制好；所谓“差”是指勉强达到验收规范要求，或有明显的缺陷，但不影响安全或使用功能的。评为“差”的项目能进行返修的应进行返修，不能返修的只要不影响结构安全和使用功能的可通过验收。有影响安全和使用功能的项目不能评价，应返修后再进行评价。

（4）单位工程

单位工程质量验收也称质量竣工验收，是建筑工程最重要的一次验收。参建各方责任主体和有关单位及人员，应加以重视，认真做好单位工程质量竣工验收，把好工程质量关。

为加深理解单位（子单位）工程质量验收合格条件，应注意以下五个方面的内容：

1)所含分部(子分部)工程的质量验收均应合格。施工单位事前应认真做好验收准备，将所有分部工程的质量验收记录表及相关资料及时进行收集整理，并列出目次表，依序将其装订成册。在核查和整理过程中，应注意以下三点：

①核查各分部工程中所含的子分部工程是否齐全；

②核查各分部工程质量验收记录表及相关资料的质量评价是否完善；

③核查各分部工程质量验收记录表及相关资料的验收人员是否具有相应资质，并进行了评价和签认。

2）质量控制资料应完整。质量控制资料完整是指所收集到的资料能确保工程结构安全和使用功能，满足设计要求。包括能反映工程所采用的建筑材料、构配件和设备的质量技术性能，施工质量控制和技术管理状况，涉及结构安全和使用功能的施工试验和抽样检测结果，以及工程参建各方质量验收的原始依据、客观记录、真实数据和见证取样等资料。

尽管质量控制资料在分部工程质量验收时已经检查过，但由于某些资料受试验龄期的影响，或受系统测试的需要等，难以在分部工程验收时到位。因此应对所有分部工程质量控制资料的系统性和完整性进行一次全面的核查，在全面梳理的基础上，重点检查资料是否齐全、有无遗漏，从而达到完整无缺的要求。

3）所含分部工程中有关安全、节能、环境保护和主要使用功能等的检验资料应完整。

对涉及安全、节能、环境保护和主要使用功能的分部工程的检验资料应复查合格，资料复查不仅要全面检查其完整性，不得有漏检缺项，对分部工程验收时的见证抽样检验报告也要进行复核。

4）主要使用功能的抽查结果应符合相关专业质量验收规范的规定。

对主要使用功能应进行抽查，使用功能的检查是对建筑工程和设备安装工程最终质量的综合检验，也是用户最为关心的内容，体现了过程控制的原则，也将减少工程投入使用后的质量投诉和纠纷。因此，在分项、分部工程质量验收合格的基础上，竣工验收时再作全面的检查。

5）质量验收不符合要求的处理。

一般情况，不合格现象在检验批验收时就应发现并及时处理，但实际工程中不能完全避免不合格情况的出现，因此工程施工质量验收不符合要求的应按下列进行处理：

①经返工或返修的检验批，应重新进行验收。在检验批验收时，对于主控项目不能满足验收规范规定或一般项目超过偏差限值时，应及时进行处理。其中，对于严重的质量缺陷应重新施工；一般的质量缺陷可通过返修或更换予以解决，允许施工单位在采取相应的措施后重新验收。如能够符合相应的专业验收规范要求，则应认为该检验批合格。

②经有资质的检测单位检测鉴定能够达到设计要求的检验批，应予以验收。当个别检验批发现问题，难以确定能否验收时，应请具有资质的法定检测单位进行检测鉴定。当鉴定结果认为能够达到设计要求时，该检验批可以通过验收。这种情况通常出现在某检验批的材料试块强度不满足设计要求时。

③经有资质的检测单位检测鉴定达不到设计要求，但经原设计单位核算认可能够满足安全和使用功能要求时，该检验批可予以验收。如经检测鉴定达不到设计要求，但经原设计单位核算、鉴定，仍可满足相关设计规范和使用功能的要求时，该检验批可予以验收。一般情况下，标准、规范规定的是满足安全和功能的最低要求，而设计往往在此基础上留有一些余量。在一定范围内，会出现不满足设计要求而符合相应规范要求的情况，两者并不矛盾。

④经返修或加固处理的分项、分部工程，满足安全及使用功能要求时，可按技术处理方案和协商文件的要求予以验收。经法定检测单位检测鉴定以后认为达不到规范的相应要求，即不能满足最低限度的安全储备和使用功能时，则必须按一定的技术处理方案进行加固处理，使之能满足安全使用的基本要求。这样可能会造成一些永久性的影响，如增大结构外形尺寸，影响一些次要的使用功能等。但为了避免建筑物的整体或局部拆除，避免造成更大的损失，在不影响安全和主要使用功能条件下，可按技术处理方案和协商文件的要求进行验收，责任方应按法律法规承担相应的经济责任和接受处罚。

⑤经返修或加固处理仍不能满足安全或重要使用要求的分部工程及单位或子单位工程，严禁验收。分部工程及单位工程如存在影响安全和使用功能的严重缺陷，经返修或加固处理仍不能满足安全使用要求的，严禁通过验收。

⑥工程质量控制资料应齐全完整，当部分资料缺失时，应委托有资质的检测单位按有关标准进行相应的实体检测或抽样试验。实际工程中偶尔会遇到因遗漏检验或资料丢失而导致部分施工验收资料不全的情况，使工程无法正常验收。对此可有针对性地进行

工程质量检验，采取实体检测或抽样试验的方法确定工程质量状况。上述工作应由有资质的检测单位完成，检验报告可用于工程施工质量验收。

3.4　运营维护阶段

3.4.1　结构分析基础

（1）支座的简化

工程上将结构或构件连接在支承物上的装置，称为支座。在工程上常常通过支座将构件支承在基础或另一静止的构件上。支座对构件就是一种约束。支座对它所支承的构件的约束反力也叫支座反力。支座的构造是多种多样的，其具体情况也是比较复杂的，加以简化，便于分析计算。建筑结构的支座通常分为活动铰支座（图 3.18）、固定铰支座（图 3.19）、固定支座（图 3.20）和定向支座（图 3.21）四类。

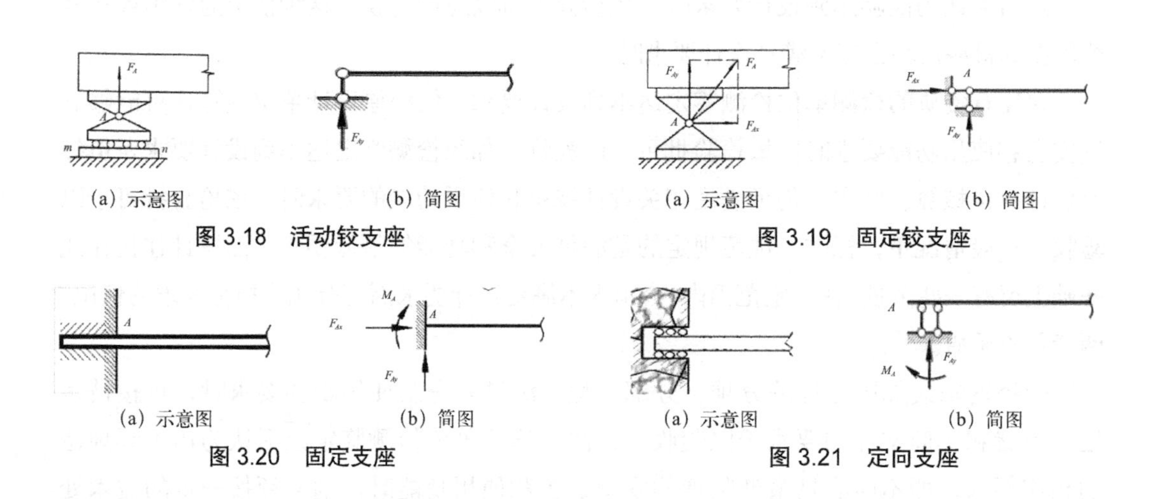

（a）示意图　（b）简图

图 3.18　活动铰支座

（a）示意图　（b）简图

图 3.19　固定铰支座

（a）示意图　（b）简图

图 3.20　固定支座

（a）示意图　（b）简图

图 3.21　定向支座

1）活动铰支座

构件与支座用销钉连接，而支座可沿支承面移动，这种约束，只能约束构件沿垂直于支承面方向的移动，而不能阻止构件绕销钉的转动和沿支承面方向的移动。所以，它的约束反力的作用点就是约束与被约束物体的接触点，约束反力通过销钉的中心，垂直于支承面，方向可能指向构件，也可能背离构件，视主动力情况而定。示意图和简图分别如图 3.18（a）、（b）所示。

2）固定铰支座

构件与支座用光滑的圆柱铰链连接，构件不能产生沿任何方向的移动，但可以绕销钉转动，可见固定铰支座的约束反力与圆柱铰链约束相同，即约束反力一定作用于接触点，通过销钉中心，方向未定。固定铰支座的示意图和简图分别如图 3.19（a）、（b）所示。

3）固定支座

典型的例子如整浇钢筋混凝土的雨篷，它的一端完全嵌固在墙中，一端悬空，这样的支座叫固定端支座。在嵌固端，既不能沿任何方向移动，也不能转动，所以固定端支座除产生水平和竖直方向的约束反力外，还有一个约束反力偶。示意图和简图分别如图 3.20（a）、（b）所示。

4）定向支座

只允许结构沿辊轴滚动方向移动，而不能发生竖向移动和转动的支座形式，称为定向支座。该支座限制某些方向的线位移和转动，而允许某一方向产生线位移，其反力除限制线位移方向力外，还有支座反力偶。示意图和简图分别如图 3.21（a）、（b）所示。

（2）结点简化

1）刚结点：其变形特征和受力特点是，汇交于结点的各杆端之间不能发生相对转动；刚结点处不但能承受和传递力，而且能承受和传递力偶。示意图和简图分别如图 3.22（a）、（d）所示。

2）铰结点：其变形特征和受力特点是，汇交于结点的各杆端可以绕结点自由转动；在铰结点处，只能承受和传递力，而不能传递力偶。示意图和简图分别如图 3.22（b）、（e）所示。

3）组合结点，又称不完全铰结点或半铰结点。在同一结点之上，部分刚结，部分铰结。示意图和简图分别如图 3.22（c）、（f）所示。

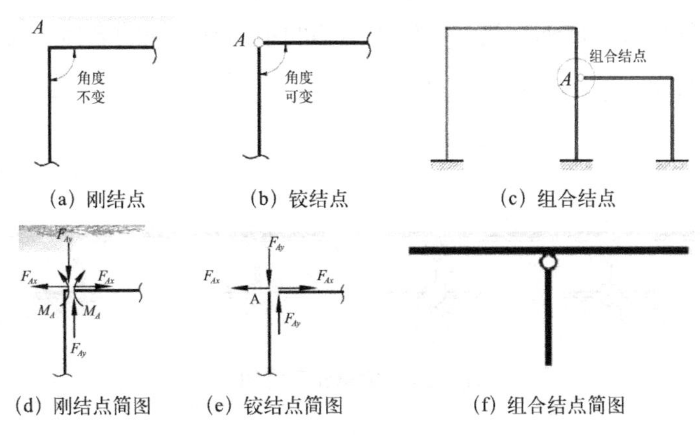

图 3.22　结点简化图

（3）荷载与变形

包括静力荷载、动力荷载、表面荷载、内荷载、分布荷载、集中荷载，内力、位移，应力、应变等。

1）静力荷载。其大小、方向和位置不随时间变化或变化极为缓慢，不会使结构产生显著的振动，因而可略去惯性力的影响。恒荷载以及只考虑位置改变而不考虑动力效应的移动荷载都是静力荷载。

2）动力荷载。随时间迅速变化的荷载，使结构产生显著的振动，因而惯性力的影响不能忽略，如往复周期荷载（机械运转时产生的荷载）、冲击荷载（爆炸冲击波）和瞬时荷载（地震、风振）等。

（4）基本单元

1）杆单元

以桁架为例，桁架由直杆组成，所有结点都为理想铰结点。当仅受到结点集中荷载作用时，其内力只有轴力。如图 3.23 所示。

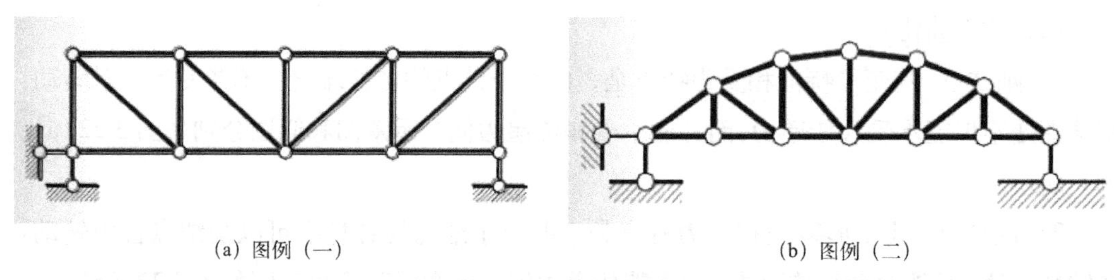

(a) 图例（一） (b) 图例（二）

图 3.23 杆单元示意图

2）梁单元

由支座支承，承受的外力以横向力和剪力为主，以弯曲为主要变形的构件称为梁。梁承托着建筑物上部构架中的构件及屋面的全部重量，是建筑上部构架中最为重要的部分。依据梁的具体位置、详细形状、具体作用等的不同有不同的名称。大多数梁的方向，都与建筑物的横断面一致。如图 3.24 所示。

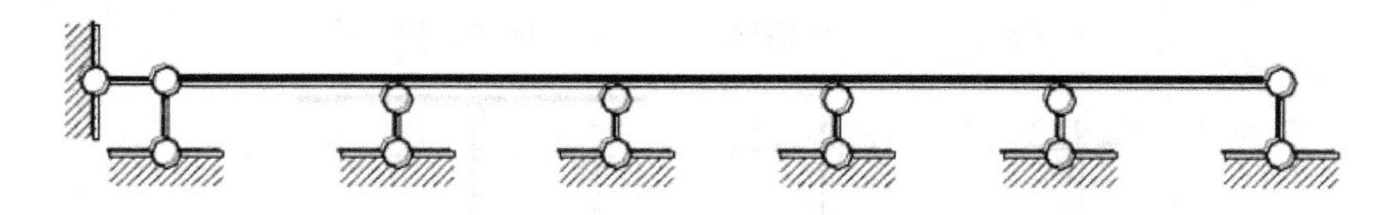

图 3.24 梁单元示意图

3）刚架单元

刚架是由梁和柱组成的结构，各杆件主要受弯。刚架的结点主要是刚结点，也可以有部分铰结点或组合结点，如图 3.25 所示。

4）平面单元

对于平面问题，最常用的单元是三角形单元，如图 3.26 所示。在平面应力问题中，它们是三角板，在平面应变问题中，它们是三棱柱。

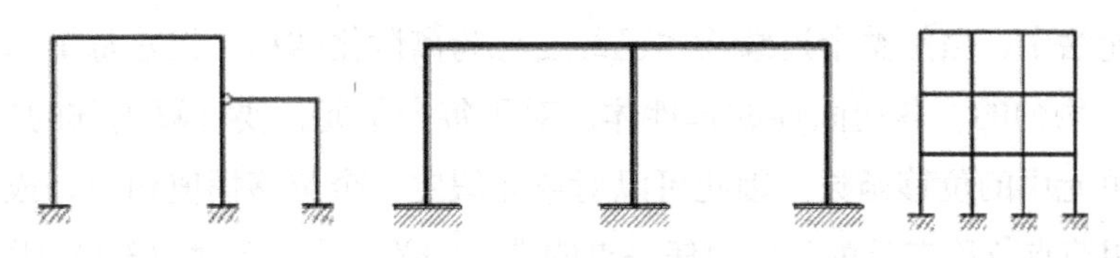

图 3.25 刚架单元示意图

5）空间单元

工程结构一般都是立体的弹性体。受力作用后，其内部各个点沿着 x、y、z 坐标轴方向产生位移，是三维空间问题。以六面体为例，其应力状态如图 3.27 所示。

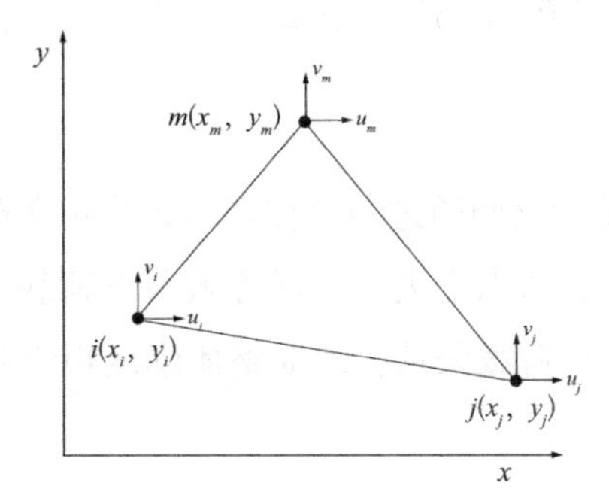

图 3.26 3 结点三角形平面单元

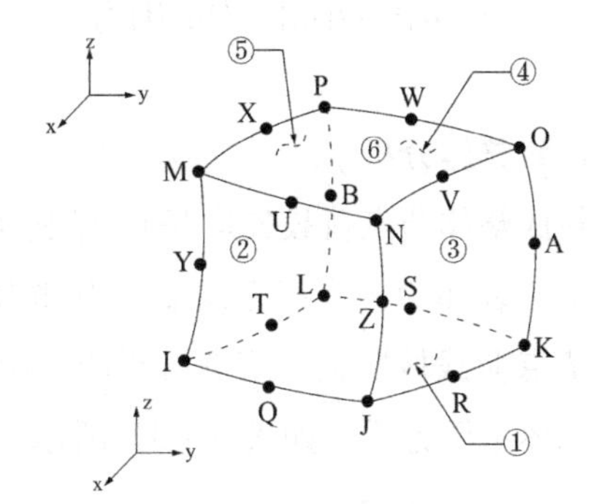

图 3.27 20 结点六面体空间单元

3.4.2 结构分析方法

（1）结构离散化

将结构分成有限个小的单元体，单元与单元、单元与边界之间通过节点连接。结构的离散化是有限元法分析的第一步，关系到计算精度和效率，包括以下三个方面：

1）单元类型的选择。选定单元类型，确定单元形状、单元节点数、节点自由度数等。

2）单元划分。网格划分越细，节点越多，计算结果越精确，但计算量越大，网格加密到一定程度后计算精度提高就不明显，因此应力变化平缓区域不必要细分网格。

3）节点编码。有限元分析的结构已不是原有的物体或结构物，而是由同样材料、众多单元以一定方式连接成的离散物体。所以，有限元分析计算所获得的结果是近似的。

（2）单元特性分析

选择未知量模式选择节点位移作为基本未知量时，称为位移法，在有限元计算中位移法应用较多；选节点力作为基本未知量时，称为力法；取一部分节点位移和一部分节点力作为未知量，称为混合法。分析单元力学性质根据单元材料性质、形状、尺寸、节点数目、位置等，找出单元节点力和节点位移关系式，应用几何方程和物理方程建立力和位移的方程式，从而导出单元刚度矩阵。计算等效节点力作用在单元边界上的表面力、体积力或集中力都需要等效地移到节点上去，即用等效力来替代所有作用在单元上的力。

在有限元法中，虽然整个连续物体已经变化为离散化结构，但是每个单元仍然作为一个连续的、均匀的、各向同性的弹性体。对于每个单元，要计算内部的应变和应力，要求得出该单元中的位移函数。因此可以对单元假定一个位移插值函数，或称之为位移模式，得到用节点位移表示单元体内任一点的唯一的关系式，如式（3-1）所示。

$$\{d\}=[N]\{\delta\}^{e} \tag{3-1}$$

有了位移模式，就可利用几何关系和应力 - 应变关系得到用单元节点位移表示单元中应变和应力的表达式，如式（3-2）所示。

$$\{\varepsilon\}=[B]\{\delta\}^{e} \qquad D=\frac{E}{1-\mu^{2}}\begin{pmatrix}1 & \mu & 0\\ \mu & 1 & 0\\ 0 & 0 & (1-\mu)/2\end{pmatrix} \tag{3-2}$$
$$\{\sigma\}=[D]\{\varepsilon\}=[D][B]\{\delta\}^{e}$$

（3）整体分析

集成整体节点荷载矢量 $[F]$。结构离散化后，单元之间通过节点传递力，作用在单元边界上的表面力、体积力或集中力都需要等效地移到节点上去，形成等效节点荷载。将所有节点荷载按照整体节点编码顺序组集成整体节点荷载矢量。组成整体刚度矩阵 $[K]$，得到总体平衡方程，如式（3-3）所示。

$$[k][\delta]=[F] \tag{3-3}$$

将线性代数方程组 $[k][\delta]=[F]$，引进边界约束条件，解出总体平衡方程可求得所有未知的节点位移。通过上述分析可以看出有限单元法的基本思想是“一分一合”，分是为了进行单元分析，合是为了对整体结构进行综合分析。

3.4.3 结构分析示例

以某既有钢结构电炉管坯连铸主厂房为例，概述多尺度模型建立的过程和要点。厂房结构平面布置图如图 3.28、图 3.29 所示。其中④ - ⑤轴线采用 26m 跨的变截面吊车梁，其余均为 24m 跨等截面吊车梁。由于吊车荷载效应仅限于吊车所在跨及其相邻跨，从简化计算的角度出发，仅选取包含直角式钢吊车梁及其相邻的等截面吊车梁跨作为分析对象。

结构分析建模主要有三步：（1）为宏观尺度建模，即将厂房梁、柱结构以梁单元建模（单元特征尺度量级为 100m），共 160 个单元，等截面吊车梁及其牛腿以实体单元建模（单元特征尺度量级为 100m），共 9456 个单元。（2）为细观尺度及其过渡区域建模，以插板与封板连接焊缝处为例，将直角式钢吊车梁进行精细化建模（单元特征尺度量级 10^{-1}m），共 28822 个单元，并在焊缝区域选取更小尺寸（单元特征尺度量级 10^{-2}m），共 10474 个单元。通过刚度折减在易损部位引入焊缝局部的初始损伤，单元特征尺度量级为 10^{-4}m，共 7280 个单元，此外吊车轨道为 1520 个单元。（3）利用梁 - 实体、实体 - 实

图 3.28　某工业厂房

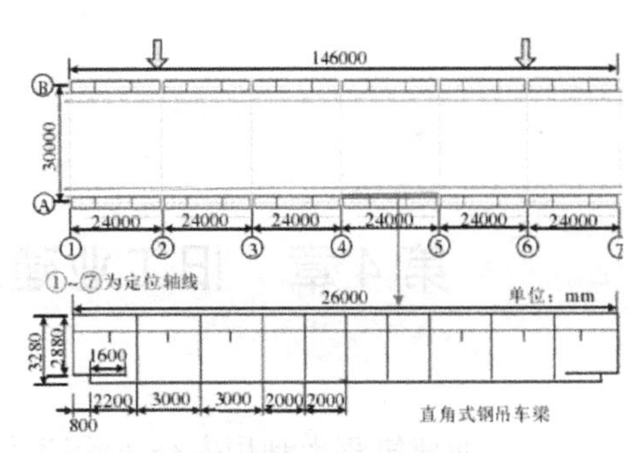

图 3.29　平面布置图

体单元连接方式进行多尺度连接。结构整体和局部有限元模型如图 3.30 所示。

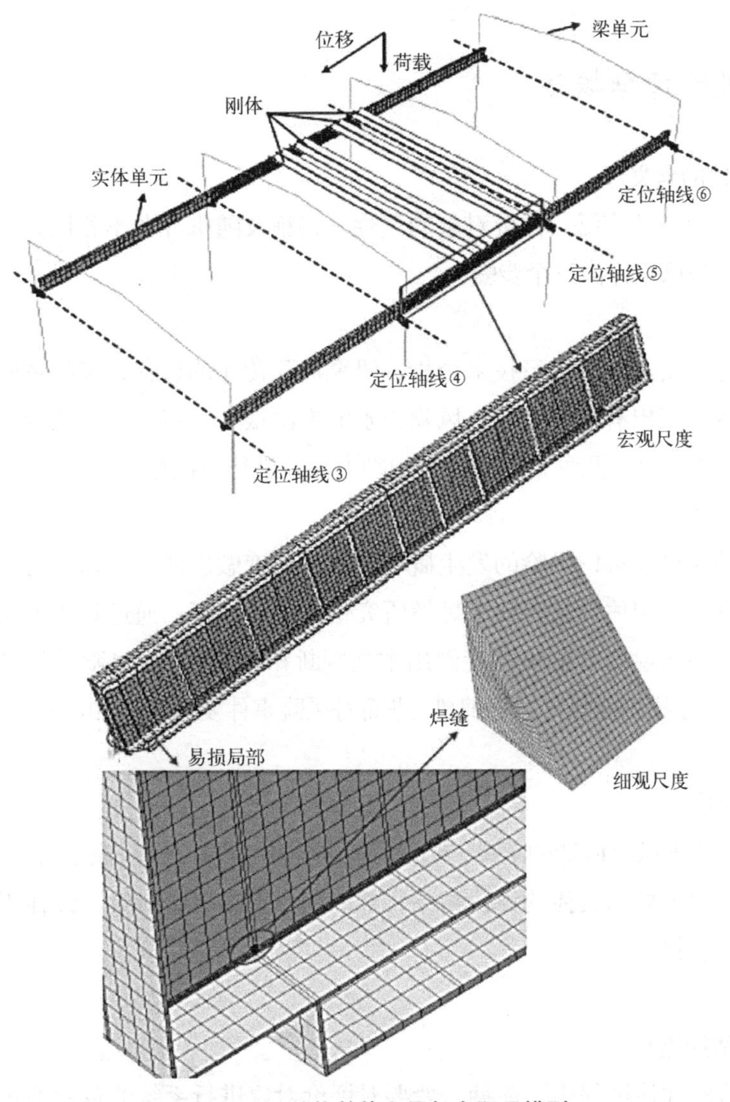

图 3.30　结构整体和局部有限元模型

第4章　旧工业建筑再生利用安全风险评估

旧工业建筑再生利用安全风险评估模型是安全控制的理论支撑与决策基础。本章结合旧工业建筑再生利用施工安全风险的特点，对现有各安全风险评估方法的优缺点及适用性进行比选。针对选出的安全风险评估方法的短板进行改进，建立基于BP神经网络的安全风险评估模型，并通过实际工程项目进行论证。

4.1　安全风险评估概述

4.1.1　风险评估的含义

风险评估应用领域广泛，评价对象的属性、特征及随机性各不相同，一般分为风险识别、风险估计与风险评价三个步骤。

（1）风险识别

风险识别是对安全隐患进行技术分析，研究风险传递的过程，模拟危险发生和引起伤害的可能场景，找出有哪些风险。风险识别的方法很多，每一种方法都有其目的性和应用的范围。后文将介绍几种常用的风险识别方法并进行对比分析。

（2）风险估计

风险估计是对已经辨识风险的发生概率和严重程度做出估计，通常可分为主观估计与客观估计两种。主观估计是在缺乏足够研究信息的条件下，通过利用专家的经验和决策者的决策技巧对风险事件的风险度做出主观判断和预测；客观风险估计是通过对历史数据资料的分析，寻找风险事件的规律性，进而对风险事件发生概率和严重程度（风险度）做出估计。

（3）风险评价

风险评价是基于风险估计的结果，考虑风险承受者的自身条件，制定可接受风险标准，依据标准对风险程度做出具体的评价结果，并给出合理的风险对策，以便于风险管理者进行有效的风险控制。

4.1.2　风险评估的流程

在安全风险的评估过程中，前期一般要对评价对象进行系统的危险源辨识，找出影响安全的风险因素，并分析它们可能导致的事故类型，及目前采取的安全管理和技术措施的有效性和可操作性；安全风险评价一般采取定性或定量的方法进行安全评价，预测风险因素导致事故发生的概率及后果的严重程度，划分风险等级；根据识别出的风险因素和划分的风险等级，考虑风险承受者自身的条件，确定可接受风险标准；最后，根据风险的分级和可接受风险标准分析出不可接受风险，并制定相应的安全管理和技术措施，对风险进行有效控制。如图 4.1 所示。

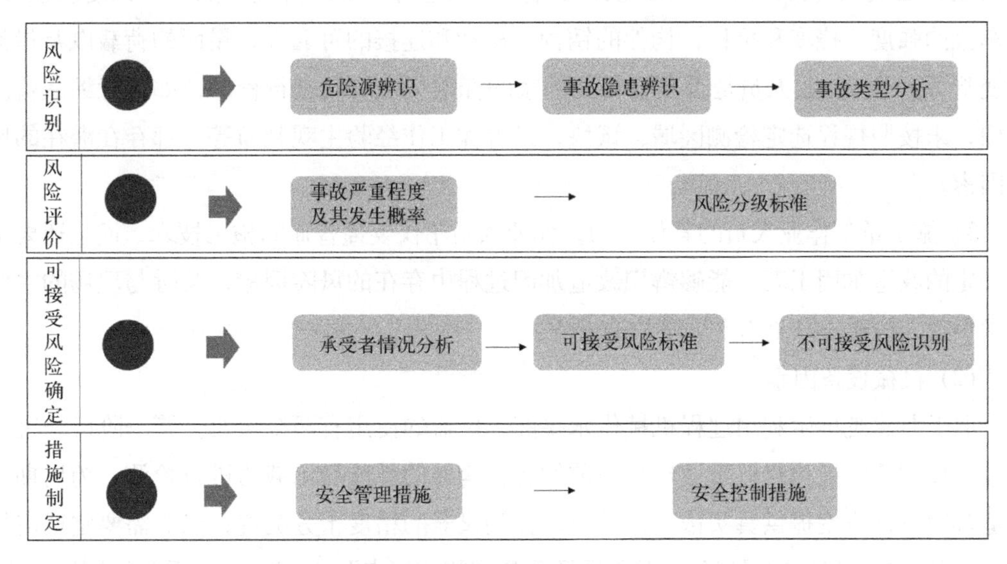

图 4.1 安全评估全过程框架图

根据以上分析，旧工业建筑再生利用安全风险评估应首先分析施工的各种危险源或风险因素；建立施工安全风险评价指标体系并选取合适的安全风险评估方法，通过构建的安全风险分析模型对旧工业建筑再生利用安全风险的发生概率和严重程度做出合理的预测；最后，提出旧工业建筑再生利用的安全管理方法。

4.2 安全风险评估指标体系

4.2.1 评价指标体系基础

旧工业建筑再生利用中会面临许多的风险，主要来自以下四个阶段，即决策设计、施工建筑、工程验收、使用维护四个阶段。按照旧工业建筑再生利用的基本流程，根据风险形成的机理和风险识别的方法和步骤，从人员、机械设备、物料、技术方法、施工环境对旧工业建筑再生利用项目致险因子进行辨识、分析和总结，为更客观、更全面对旧工业建筑再生利用安全风险评估提供理论基础。

（1）人员因素

在海因里希的事故致因理论当中，将人的不安全行为当作事故的主要风险因素，其他的不安全因素都是由人的不安全行为经过演化而来的。旧工业建筑再生利用过程的安全，人员参与仍然是主要考虑的风险因素。

1）决策者首先应该对旧工业建筑功能置换有明确的定位，即改造后的用途，是延续使用，还是改为商场、办公、综合体等。

2）检测鉴定机构人员的结构专业素质、安全意识。检测机构的检测人员应该根据原有的设计图纸和资料，对厂房的现有的安全状况进行详细的排查，如柱的强度和位移，吊车梁的强度、挠度和位移，构件的锈蚀、松动和连接的可靠性，屋面的荷载以及屋架的变形等；还有作业人员是否严格按照国家的标准规范对其进行检测，如故意缩减检测范围，未按照规程选定检测区域、试块，或者凭工作经验主观判断等，都存在潜在的风险因素。

3）施工单位作业人员的整体实力。作业人员不仅要懂普通的施工技术，而且还要掌握一定的改造加固工艺，能够辨识改造加固过程中存在的风险因素，及时与现场的主要技术负责人沟通，以免不安全事故的发生。

（2）机械设备因素

旧工业建筑再生利用过程机械化水平高，仪器的使用有两个阶段。第一阶段是决策阶段，检测鉴定机构对旧工业建筑当前的各种构件的性能和承载力进行检测，为后期的改造加固设计方案提供真实依据。所以，检测仪器的精度十分关键，仪器需要定期进行校准和尽量减少仪器的误操作，对于现场采集到的“坏点”，应该舍去，重新检测该区域，保证现场采集的数据的真实可靠性。第二阶段是旧工业建筑改造施工时，由于受到工作环境的限制，施工交叉作业时，设备或者仪器的误操作极易导致机械伤害或物体打击等不安全事故。

（3）物料因素

1）物料进场质量验收

旧工业建筑再生利用项目既要考虑改造过程中的经济效益，还有考虑改造完成之后的美观性和舒适性，所以建造过程中所用的材料种类会相对繁杂。在进场之前，所有物料必须严格按照国家标准对其进行质量验收，只有合格的物料才能用于施工。材料到场验收应确认实物与货单相符。检验标准的制定，主要考察所用材料的品种、规格、数量、生产厂名、生产日期、出厂日期和规范规定的主要技术指标等内容是否满足现场施工的要求和有无遗漏。

2）物料堆放

在施工建造现场，物料堆放一方面需要集中处理，不能随意堆放，以免发生作业人员被擦伤、割伤等不安全事故；另一方面，现场物料搬运需要专门的工作人员进行指挥和装卸，防止不安全操作导致人员的伤亡事故发生。

(4) 技术方法因素

旧工业建筑再生利用项目主要涉及原设备原结构的拆除工作、既有建筑结构的加固工作、进行功能置换的改造工作，因此拆除、加固、改造方案设计应体现考虑全面、步骤详尽、衔接顺畅、易于施工等要求。

另外，旧工业建筑在初始建造、使用过程中经历诸多变迁，现场存在大量施工障碍物，尤其是地下施工障碍物，不易直接明确。因此，在项目方案设计前，应尽可能对施工障碍物进行识别，以避免因疏漏导致施工过程中发生大量设计变更，增加施工难度。

(5) 施工环境因素

旧工业建筑因其原有工艺会遗留较多有害物质，如酸洗车间、化工车间等。因此，改造施工前应对建筑内部存留的有害物质进行检测与清理，清理工作是否全面到位将直接影响后续施工作业人员的安全。

同时，施工时应满足现场工作的基本条件。由于旧工业建筑再生利用过程中存在大量拆除工作，现场垃圾清运的重要性相较于其他项目更为突出。

4.2.2　指标确定流程与原则

(1) 指标建立流程

旧工业建筑再生利用项目存在多个不确定的风险因素，目前对于旧工业建筑再生利用的安全风险控制管理的经验较少。本文在进行安全风险评估指标体系的建立时，借鉴相关的施工规范，以及参考其他的类似工程在进行安全风险评估时所建立的安全风险评估指标体系，同时结合旧工业建筑再生利用施工项目实例的具体工程情况，通过现场调查、咨询施工方有关管理人员以及专家论证等方法确定出风险预测的指标，建立科学、合理、系统和具有可操作性的评估指标体系，建立流程如图 4.2 所示。

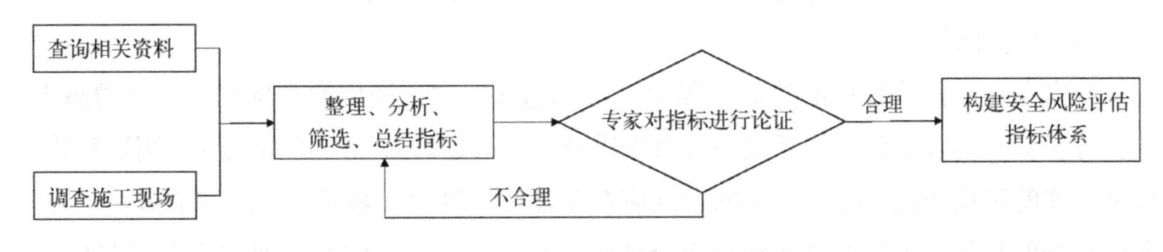

图 4.2　安全风险评估指标体系的建立流程

(2) 指标建立原则

安全风险评估指标的确定是为了找出影响项目风险的原因及因素，在分析各个风险指标的基础上，寻求安全风险预控的最佳方案。旧工业建筑再生利用项目事故发生的原因错综复杂，往往是多种因素共同作用的结果。根据目前对旧工业建筑再生利用项目施工安全风险研究情况来看，对导致工程事故发生的因素间的相互作用关系并没有一个比较清楚的认识，而且在安全风险发生前所产生的预兆有时也并不能从所有的影响因素中得到较好的反馈。因此要对指标进行合理的选取，安全风险评估指标的选取应该遵循以下原则：

1）科学性原则

科学性原则是评估指标体系建立的最基本原则，也是其他原则的综合体现。指标体系的建立要能够充分、客观以及准确地反映旧工业建筑再生利用的安全风险状况，使评估过程和结果具有有效性和可信性。研究者必须通过相关调研、专家咨询、反复论证对指标进行分析确认，而不能仅凭主观臆断确立各项指标，这样确定出的指标体系不可靠，也失去了指标体系应有的客观性和科学性。

2）系统性原则

系统性原则要求建立风险评估指标体系时，不仅要尽可能全面地考虑各种影响因素以及完整地反映和度量被评价的对象，即旧工业建筑再生利用项目施工安全；而且要注意指标体系的各因素与目标关系，构建阶层性的风险因素集，层次之间、因素之间要协调一致，与目标形成一个有机整体。

3）代表性原则

在针对某一具体旧工业建筑再生利用项目进行安全风险评估时，既要全面分析影响旧工业建筑再生利用项目安全的相关风险因素，又要抓住主要矛盾，分清主次，选择最能反映工程本身的安全水平的风险因素，使评估指标具有代表性。

4）独立性原则

在构建旧工业建筑再生利用项目安全风险评估指标体系时，有些指标之间往往具有一定程度的相关性，这时要采用科学的方法处理评估指标体系中彼此相关程度较大的风险因素，保证每一指标的相对独立性，避免在评估指标体系中重复出现，从而使指标体系能科学准确地反映旧工业建筑再生利用项目安全的实际状况。

5）可行性原则

在安全风险评估指标的选取过程中，指标越多，实际操作的难度和工作量就越大，而且许多指标难以量化，更无法获取数据进行评估，这时必须考虑指标值的测量和数据采集工作的可操作性。指标体系的建立应在保证体系科学、客观、完备的前提下，充分考虑指标的量化与评估的难易程度以及便于执行部门实施操作的原则；应当尽可能地以较少的指标包含较多的信息，力求使指标体系做到简明实用，能够被执行部门认可采纳。

4.2.3 评价指标体系构建

通过课题组的调研发现，旧工业建筑再生利用项目与一般施工项目相比而言，具有遗留工业垃圾冗杂、施工场地狭窄、结构构件拆换等特点。在参考《建筑施工安全检查标准》JGJ 59—2011、《施工企业安全生产评价标准》JGJ/T 77—2010、《建设工程安全生产管理条例》、《旧工业建筑再生利用技术标准》T/CMCA 4001—2017 等法规及实地调研的基础上，得到如图 4.3 所示指标体系。

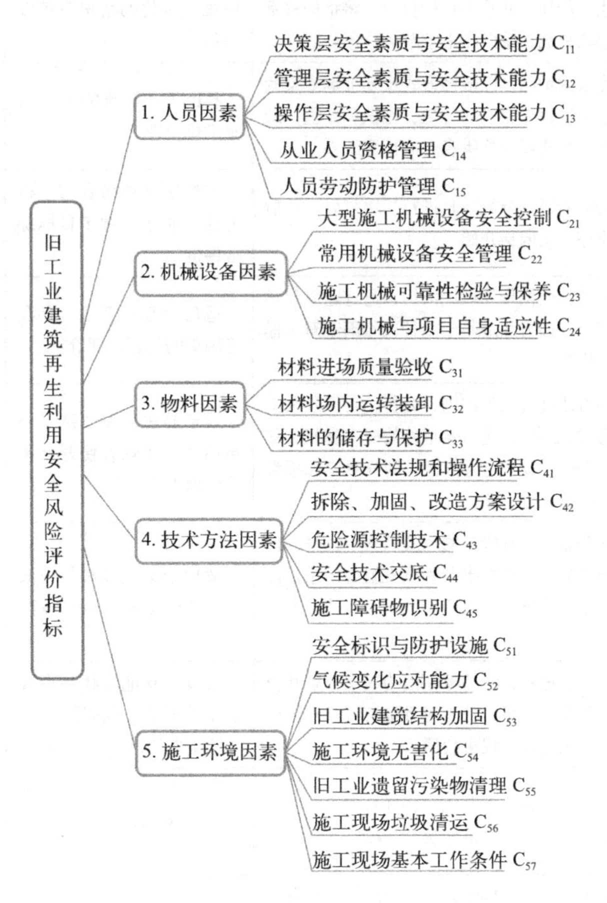

图 4.3　旧工业建筑再生利用风险评价指标

4.3　安全风险评估方法

4.3.1　评价方法分析

安全风险评估的方法有很多种，大体可以归纳为三类：定性评价、定量评价、定性与定量相结合的评价。总结安全风险评估的方法，主要有专家调查评分法、德尔菲法、层次分析法（AHP）、模糊综合评价法、蒙特卡洛模拟法、故障树法分析法（FAT）、风险矩阵法、人工神经网络法。每个安全风险评估方法的侧重点和适用性均不同，各自优缺点比较如表 4.1 所示。

人工神经网络法是一种在以人脑的神经网络系统为基础而创建的模拟人脑进行问题处理的理论上，以计算机为工具，利用计算机网络模拟生物神经网络的智能计算方法。它是由大量的简单原件相互连接而成的一个复杂控制系统，处理非线性关系以及大型复

安全风险评估方法比较 表 4.1

方法	评估过程	优点	缺点
专家调查评分法	邀请相关专家根据其知识、经验，采用打分法确定指标发生可能性，并求出指标权重，将指标权重与专家打出的分数相乘以此来求解风险预测值	操作简单、方便，在指标难以量化的情况下可以采用	定性的评估，专家的经验为主要依据，结果的主观性较强
德尔非法	又称为专家函询法，以匿名方式反复征询专家意见，通过集中发挥专家们的智慧、知识和经验，最后汇总得出一个能反映群体意志的预测结果	相比于专家调查评分法，更准确合理	各专家之间无交流，信息不对称情况可能会发生
层次分析法	对确定的因素进行分组同时进行层次划分，最后进行权重排序，从低层开始	定性定量相结合的分析方法，属于一种多目标综合评价	只能对原有方案进行分析选优而不能给出新的解决方案
模糊综合评价法	以模糊数学、变换作为理论依据，通过建立数学模型进行评价。该方法是基于多种风险因素对工程项目进行评价的	适用于复杂系统，存在多因素的问题的评价	在确定权重时存在主观因素，并且指标之间可能会出现交叉重复的情况
风险矩阵法	用矩阵的方法进行风险识别、分析，对风险因素进行综合考虑，然后描述风险事件的概率和损失程度；以决策者的风险态度为依据，划分概率和损失等级，对风险事态进行评价	简单易用、评估结果简单明了，比较方便开展风险管理工作	受评估人员知识局限性和评估工具不合理性影响，评估结果会出现偏差
蒙特卡洛模拟法	以随机性为原则，从确定的风险因素中抽样，反复生成时间序列并且模拟出各种风险组合结果，计算参数估计量和统计量，从而研究其分布特征的一种方法	适用于某些非线性、波动幅度较大的复杂性问题	选取的随机变量必须相互独立；同时需要进行多次模拟且风险概率函数难以确定
故障树分析法	故障树理论通过对系统故障原因的逐层分解并分析故障原因的逻辑关系，从而对系统的可靠性进行评估，是从结果出发寻找事故原因	可以直观地寻找到事故发生的原因，同时还可以检验采取的措施是否得当	对分析人员要求高，花费时间和人力较多
灰色综合评价法	灰色综合评价法是基于灰色关联分析理论，同时结合专家评价的综合性评估方法	充分利用数据信息，可减少人为因素，解决某些难以量化和统计的问题	仅仅以预测精度来检验模型的结果，有失准确
人工神经网络法	从神经学出发，利用数学方法处理问题。具有高度并行计算、自学能力，不断调整权值和阈值使网络的实际输出和期望输出一致。捕获研究对象发展趋势，同时对其发展进行预测	自适应性较强、学习能力强，高度非线性映射能力和记忆联想能力	提高模型的准确度需要大量的数据，同时推理过程难以明化

杂的逻辑关系能力很强。影响旧工业建筑再生利用项目的安全风险因素复杂多样，同时还具有不确定性，且各个影响因素对安全风险的影响无法简单地用线性模型去进行分析，存在有非线性关系。相较于其他的安全风险评估方法，人工神经网络法具备并行性能力、非线性能力、超强的容错性能以及优秀的联想记忆和不可比拟的自学能力等特性，因此本文选用人工神经网络法对旧工业建筑再生利用项目进行安全风险评估。

4.3.2 构建评价模型

人工神经网络（Artificial Neural Network，ANN），是随着神经生物学发展而发展起来的一个领域，它是通过数学手段模仿人类大脑处理基本信息的方式来解决复杂问题的一种方法。它在两方面与人脑功能类似：一是通过网络的学习过程获取知识；二是神经元之间的相互连接（赋权）。一个实际的 ANN 是由相互连接的神经元构成的集合，这些神经元不断地从它们的环境（数据）中学习，以便在复杂的数据里捕获本质的线性和非线性的趋势，以及能为包含噪声和部分信息的新情况提供可靠的预测。ANN 可执行多种任务，包括预报或函数逼近、模式分类、聚类及预测等。当模型与数据匹配时，它能以任意期望精度使任何复杂的非线性模型与多维数据匹配。

ANN 的学习方法分有导师学习和无导师学习两种方法。有导师的学习方法是将网络的实际输出和期望输出进行比较，并根据两者之间的差异来调整网络连接权值，最终使差异降到要求范围。无导师的学习方法是在输入样本进入网络后，网络按照预先设定的规则自动调整权值，从而使网络最终具有模式分类等功能。

ANN 通过神经元可以构成各种不同拓扑结构的神经网络，不过根据主要连接形式可分为前馈型神经网络和反馈型神经网络。

前馈型神经网络也称前向网络，如图 4.4 所示，神经元按层依次排列，分输入层、隐含层及输出层，其中隐含层也称中间层，由一层或多层组成。每一层只接受前一层神经元的输入，经各层传递后最终由输出层输出，各层之间不存在反馈。它是一种很强的学习系统，结构简单、易于编程，而且它是一种静态非线性映射，通过具有非线性处理的神经元的复合映射，可获得复杂的非线性处理能力。BP 神经网络就是采用的这种结构形式。

反馈型神经网络即是在输出层和输入层之间存在反馈，每个输入节点都有可能接受外部输入及输出神经元的反馈。它是一种反馈动力学系统，需要运作一段时间才能达到稳定。

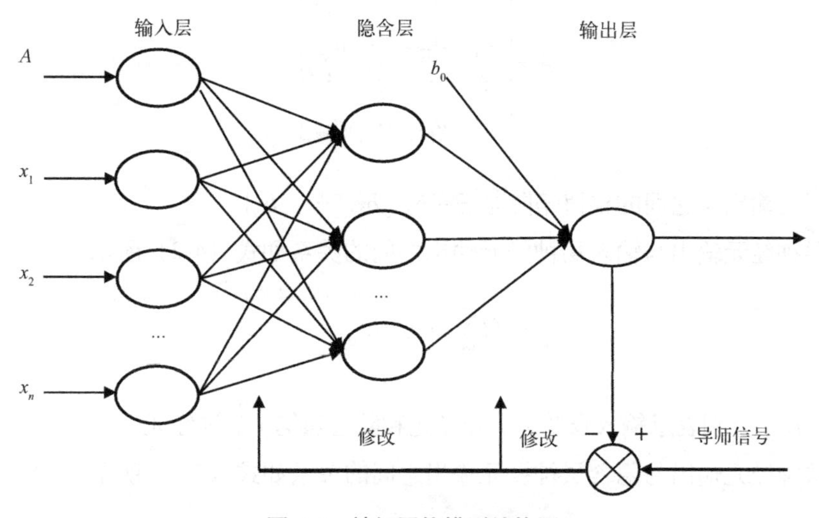

图 4.4　神经网络模型结构图

（1）BP 神经网络的概念

1986 年，由 Rumelhant 和 McClelland[13] 提出了多层前馈型神经网络的误差反向传播学习算法，简称 BP 算法，它是一种多层网络的逆推学习算法。由此采用这种算法的前馈型神经网络也称 BP 神经网络。它依靠着其误差反向传播多层网络的特点，在预报或函数逼近、模式鉴别与分类、聚类及预测等方面得到广泛应用。而且 80% 左右的 ANN 模型都采用了 BP 神经网络或它的变化形式。可以说，它是前馈型神经网络的核心部分，并且是 ANN 精华部分的体现。

（2）BP 神经网络的结构

BP 神经网络采用的是前馈型神经网络的结构形式，也就是说它主要是由输入层、隐含层及输出层三部分组成。隐含层可以是一层，也可以是多层；每一层由若干个节点组成，每个节点代表一个神经元。神经元的传递函数一般为非线性函数，如 Sigmoid 函数，而输出层有时也会选用线性函数。同层节点间无连接，每一层只接受前一层神经元的输入，经各层传递后最终由输出层输出。由于采用的是误差反向传播学习算法，所以它也是一种有导师学习模型。

如图 4.4 建立的 BP 神经网络模型，它只包含一个隐含层，并且只有一个输出神经元。输入层有 n 个输入变量，输入向量可表示为 $X=[x_1, x_2, \cdots, x_n]$，“$A$”代表偏差输入，它上面赋的一组权值作为隐含层各神经元阈值，这组值可用阈值向量 $A_0=[a_{01}, a_{02}, \cdots, a_{0m}]$ 表示；隐含层有 m 个神经元，故隐含层的输出向量可表示为 $Y=[y_1, y_2, \cdots, y_m]$，同样 b_0 表示输出层神经元的阈值；输出层只有一个神经元，所以输出层输出变量可表示为 $Z=[z_1]$；另外，如果实际输出 z_1 与期望输出 t 也即导师信号不等，则进行误差反向修正，直至相同为止。输入层与隐含层之间的权值矩阵如式（4-1）所示：

$$A=\begin{bmatrix} a_{11} & a_{12} & \cdots & a_{1m} \\ a_{21} & a_{22} & \cdots & a_{2m} \\ \vdots & \vdots & & \vdots \\ a_{n1} & a_{n2} & \cdots & a_{nm} \end{bmatrix} \tag{4-1}$$

隐含层与输出层之间的权值矩阵是 $B=[b_1, b_2, \cdots, b_m]$。

隐含层神经元输出与输入层神经元输出之间的关系如式（4-2）所示：

$$y_j = f(\sum_{i=1}^{n} a_{ij}x_i + a_{0j}) \tag{4-2}$$

式中，i，j 分别表示输入层第 i 个神经元和隐含层第 j 个神经元。

输出层神经元输出与隐含层神经元输出之间的关系如式（4-3）所示：

$$z_1 = f(\sum_{j=1}^{m} b_j y_j + b_0) \tag{4-3}$$

输出层神经元的实际输出与期望输出之间的误差可表示为式（4-4）：

$$E=\frac{1}{2}(t-z_1)^2 \tag{4-4}$$

应用 logsig 传递函数将式（4-4）展开，可表示为式（4-5）：

$$E=\frac{1}{2}\left\{t-\frac{1}{1+\mathrm{e}^{-\{\sum_{j=1}^{m}b_j[\frac{1}{1+\mathrm{e}^{-(\sum_{i=1}^{n}a_{ij}x_i+a_{0j})}}]+b_0\}}}\right\}^2 \tag{4-5}$$

（3）BP 神经网络学习算法

BP 算法一般由信号正向传播与误差反向传播两个过程组成。在正向传播中，输入样本从输入层进入神经网络，经隐含层传至输出层，若输出层神经元的实际输出与期望输出不相同，则转向误差的反向传播；若相同，则学习结束。在反向传播中，将误差 E 按网络反向逐层传递，并通过调节各层神经元的权值及阈值，使误差降到最低。BP 神经网络的学习与训练就是通过各层神经元的权值与阈值不断调整来实现的，在规定训练次数内反复调整，使输出误差达到设定的程度。

BP 神经网络最基本的算法应是梯度下降法，它阐述的是误差沿当前计算出的梯度相反方向下降，可达到最快速的减少。为了实现各权值及阈值的逐步调整，必须同时修正每一个梯度，各神经元权值和阈值的误差梯度可表示为式（4-6）：

$$\begin{cases}\dfrac{\partial E}{\partial b_j}=\dfrac{\partial E}{\partial z_1}\dfrac{\partial z_1}{\partial b_j}\\[2ex]\dfrac{\partial E}{\partial b_0}=\dfrac{\partial E}{\partial z_1}\dfrac{\partial z_1}{\partial b_0}\\[2ex]\dfrac{\partial E}{\partial a_{ij}}=\dfrac{\partial E}{\partial z_1}\dfrac{\partial z_1}{\partial y_j}\dfrac{\partial y_j}{\partial a_{ij}}\\[2ex]\dfrac{\partial E}{\partial a_{0j}}=\dfrac{\partial E}{\partial z_1}\dfrac{\partial z_1}{\partial y_j}\dfrac{\partial y_j}{\partial a_{0j}}\end{cases} \tag{4-6}$$

一般可通过两种方法对误差梯度进行修正，一是遍历法，即输入一个样本对连接权值和阈值做一次调整，优点是调整速度快，缺点是对于复杂问题，可能导致振荡或不稳定，而且要达到最优权值或阈值会比批量学习花费时间更长。批量学习是在所有训练样本完成一次训练时，求得总误差，以总误差对各权值做一次调整。批量学习应用最为广泛，适用于高精度映射，本文即选用这种方法。

1）批量学习

由于批量学习是在整个训练样本已全部提交给网络以后进行的，所以就必须在整个样本集进行处理找到总梯度之前，对所有训练样本的梯度进行储存。误差在由这个总梯度描述的下降方向上达到最小。对于某权值或阈值 w 的第 k 次训练的总梯度可表示为式（4-7）：

$$d_k = \sum_{l=1}^{L} [\frac{\partial E}{\partial w_k}]_l \tag{4-7}$$

式中，l 表示第 l 个样本，样本总数为 L 个；w_k 表示第 k 次训练时的一个隐含神经元权值（阈值）或输出神经元权值（阈值），即 a_{ij}、a_{0j}、b_0 以及 b_j。

当使用总梯度使误差降到最低时，在误差总梯度方向上每次要下降多少，这是由学习率 η 控制的。最优学习率，可使误差以最快的速度减小，η 选择小，虽利于总误差极小变化，但学习的进程较慢；η 选择大，虽能加快学习进程，但不容易收敛，且网络很可能产生振荡，或陷入局部极小，永远达不到全局最小。所以一般 η 取值在 0 ~ 1 之间，使用较小的学习率调整权值或阈值，使其平稳且缓慢地达到最优程度。那么，在第 k 次训练后，某个权值（阈值）获得的新的改变量用 Δw_k 表示，则第 k+1 次的新权值（阈值）可表示为式（4-8）：

$$\begin{cases} w_{k+1} = w_k + \Delta w_k \\ \Delta w_k = -\eta d_k \end{cases} \tag{4-8}$$

式中，“-”表示下降，$-\eta d_k$ 表示一次训练中总梯度 d_k 的下降距离。

前文讲过，梯度下降法是 BP 神经网络最基本的算法，但是它存在收敛速度慢、学习进程中容易产生振荡或陷入局部极小等缺点。所以之后提出了许多改进的方法，本文仅对动量 BP 算法的原理做必要阐述，以方便后面章节应用。

2）动量 BP 算法

动量 BP 算法的基本思想是将前一次权值（阈值）的变化以一定程度附加到本次权值（阈值）的变化上，从而使各权值（阈值）的变化更趋平滑。动量 BP 算法的表达方法是将梯度下降法表达式进行了改进，在其中引入一个动量项，可表示为式（4-9）：

$$\Delta w_k = \mu \Delta w_{k-1} - (1-\mu)\eta d_k^w \tag{4-9}$$

式中，μ 是一个介于 0 ~ 1 之间的动量参数；Δw_{k-1} 是指前一次训练中权值（阈值）的变化。可见，μ 是表示前一次权值（阈值）变化 Δw_{k-1} 对本次权值（阈值）变化 Δw_k 的影响程度。考虑到本次权值（阈值）w_k 的总误差梯度 d_k^w 对 Δw_k 的影响，故在第二项用（$1-\mu$）加权得以体现。也即通过当前梯度及前次权值（阈值）变化共同确定本次权值（阈值）的变化。当 $\mu=0$ 时，表明动量没有作用，本次权值（阈值）调整与前次无关；当 $\mu=1$ 时，则表明本次权值（阈值）的变化 Δw_k 完全等同前次变化 Δw_{k-1}。由于式（4-9）是一个递推公式，每一权值（阈值）的变化都取决于其前一个的变化，故所有都归于第一次变化，如式（4-10）所示：

$$\begin{gathered}\Delta w_k=\mu\Delta w_{k-1}-(1-\mu)\eta d_k^w\\ \Delta w_{k-1}=\mu\Delta w_{k-2}-(1-\mu)\eta d_{k-1}^w\\ \vdots\\ \Delta w_2=\mu\Delta w_1-(1-\mu)\eta d_2^w\\ \Delta w_1=-(1-\mu)\eta d_1^w\end{gathered}\tag{4-10}$$

在实际过程中，动量法可使网络学习过程更加稳定。若是前期累积的变化与当前梯度方向指向相同，那么动量法就会加速当前权值（阈值）的改变，加快收敛；若是前期累积的变化与当前梯度方向指向相反，那么动量法就会阻止当前的改变。μ 越大，同梯度方向上“动量”就越大，μ 一般取值在 0.85 ~ 0.95 之间。动量 BP 算法不仅使网络学习更为稳定，减小振荡，还能加速运算的收敛和减少学习时间，是一种较为成熟的算法。

4.4 安全风险评估模型

4.4.1 评估样本数据处理

参考《施工企业安全生产评价标准》JGJ/T 77—2010 的评价标准制定方法，制定了针对旧工业建筑再生利用安全风险评价专家的调查问卷（表 4.2），最终获取大量可靠数据样本。安全风险评估指标评分标准和安全风险分级标准经过分析得出。专家组每位专家均可对多个项目进行评估。经检查，所有反馈数据真实有效。由于每位专家的客观程度基本一致，所以对每个调研项目获取的样本数据做均权处理。

旧工业建筑再生利用安全风险评估调查问卷　　表 4.2

序号	风险评估指标	评分				
		10	7.5	5	2.5	0
C_{11}	决策层安全素质与安全技术能力	□	□	□	□	□
C_{12}	管理层安全素质与安全技术能力	□	□	□	□	□
C_{13}	操作层安全素质与安全技术能力	□	□	□	□	□

续表

序号	风险评估指标	评分				
		10	7.5	5	2.5	0
C_{14}	从业人员资格管理	□	□	□	□	□
C_{15}	人员劳动防护管理	□	□	□	□	□
C_{21}	大型施工机械设备安全控制	□	□	□	□	□
C_{22}	常用机械设备安全管理	□	□	□	□	□
C_{23}	施工机械可靠性检验与保养	□	□	□	□	□
C_{24}	施工机械与项目自身适应性	□	□	□	□	□
C_{31}	材料进场质量验收	□	□	□	□	□
C_{32}	材料场内运转装卸	□	□	□	□	□
C_{33}	材料的储存与保护	□	□	□	□	□
C_{41}	安全技术法规和操作流程	□	□	□	□	□
C_{42}	拆除、加固、改造方案设计	□	□	□	□	□
C_{43}	危险源控制技术	□	□	□	□	□
C_{44}	安全技术交底	□	□	□	□	□
C_{45}	施工障碍物识别	□	□	□	□	□
C_{51}	安全标识与防护设施	□	□	□	□	□
C_{52}	气候变化应对能力	□	□	□	□	□
C_{53}	旧工业建筑结构加固	□	□	□	□	□
C_{54}	施工环境无害化	□	□	□	□	□
C_{55}	旧工业遗留污染物清理	□	□	□	□	□
C_{56}	施工现场垃圾清运	□	□	□	□	□
C_{57}	施工现场基本工作条件	□	□	□	□	□

4.4.2　基于 BP 的神经网络模型

基于 BP 神经网络的旧工业建筑再生利用项目的安全风险评估模型建立的基本思想就是，构造将旧工业建筑再生利用安全风险评估指标体系中各具体指标（风险因素）作为输入层的输入向量，而将安全风险值作为输出向量的一个 BP 神经网络评估模型。应用制定的各评估指标的评分标准以及建立安全风险等级标准，收集大量有效的输入 / 输出数据，汇总出一系列学习样本对网络进行充分训练，使评估模型满足规定的误差要求。在评估模型具备了专家的经验和知识的基础上，就可对以后同类型的项目进行有效的安全风险评估，并对后期安全管理研究提供决策依据。

一般模型的建立主要包括输入层、隐含层、输出层以及各层间传递函数等方面。

（1）网络层数

理论上讲，一个 BP 神经网络可以具有多层隐含层，而且随着隐含层数的增加可进一步提高网络精度，降低误差，但是同时也会增加网络的复杂程度以及训练时间。前人已经证明，对于只有一个隐含层的 BP 网络，在不限制其隐含层神经元数量的情况下，通过对神经元数的调试，BP 网络就可以以一定期望精度逼近任意一个复杂的非线性模型，而且操作较为方便，应用广泛。本文即选用仅有一个隐含层的三层 BP 神经网络模型，如 4.3.2 节中图 4.4 所示。

(2) 输入层节点及样本数据

该模型的输入层各节点对应前文建立的旧工业建筑再生利用安全风险评估 24 个指标，所以输入层共 24 个节点。通过参考《施工企业安全生产评价标准》JGJ/T 77—2010 的评价标准制定方法以及应用德尔菲法，本文确定了输入样本数据的方法，并制定了对旧工业建筑再生利用项目现场调查研究以及专家问卷调研，最终获取大量可靠的输入样本数据。以安全风险人员因素评分标准为例，本文确定了旧工业建筑再生利用安全风险评分的标准，如表 4.3 所示。另外，24 个风险评估指标依次对应输入层的输入向量各元素。

旧工业建筑再生利用安全人员评分标准 **表 4.3**

风险评估指标	评分标准	分值
决策层安全素质与安全技术能力 C_{11}	决策人员有很强的安全意识，严格执行并落实各项安全规定与制度	10
	决策人员有一定的安全意识，对于决策中的安全问题偶有忽视	7.5
	决策人员安全意识不强，工作只满足最基本的要求，安全技术能力一般	5
	决策人员安全意识淡薄，作业安全警惕性较低，安全技术能力较差	2.5
	决策人员毫无安全意识，工作消极懈怠，不存在安全警惕性和技术能力	0
管理层安全素质与安全技术能力 C_{12}	管理人员有很强的安全意识，严格执行并落实各项安全规定与制度	10
	管理人员有一定的安全意识，对于决策中的安全问题偶有忽视	7.5
	管理人员安全意识不强，工作只满足最基本的要求，安全技术能力一般	5
	管理人员安全意识淡薄，作业安全警惕性较低，安全技术能力较差	2.5
	管理人员毫无安全意识，工作消极懈怠，不存在安全警惕性和技术能力	0
操作层安全素质与安全技术能力 C_{13}	操作人员安全素质很高，操作技术娴熟、正规	10
	操作人员安全素质较高，操作技术一般，偶有违规现象	7.5
	操作人员安全素质一般，操作技术不娴熟，违规现象较多	5
	操作人员安全素质较差，操作技术很差，违规操作严重	2.5
	操作人员安全素质很差，不具备专业技术操作技能，难以进行作业	0
从业人员资格管理 C_{14}	从业资质水平较高，经过专业的技术培训	10
	从业资质水平一般，经过专业的技术培训	7.5
	从业资质水平一般，没有经过完整的专业技术培训	5
	从业资质水平较低，经过完整的专业技术培训的人员较少	2.5
	从业资质水平很低，没有经过专业的技术培训，难以进行一般的作业	0
人员劳动防护管理 C_{15}	能够为人员及设备提供各种数量充足、可靠的安全防护用品，且保证都能正确使用	10
	为人员及设备提供的各种安全防护用品稍有不足、质量基本合格，偶有人员或设备没有安全防护或使用不当	7.5
	为人员及设备提供的安全防护用品多种不足、质量基本合格，部分人员或设备没有安全防护或使用不当	5
	为人员及设备提供的安全防护用品较少或质量合格品较少，多数人员或设备没有安全防护或使用不当	2.5
	基本没有为人员及设备提供的安全防护用品，人员或设备基本没有使用安全防护	0

（3）隐含层节点数

理论上讲，一个拥有无限节点数量的三层 BP 神经网络（仅一个隐含层）可以做到任意复杂的非线性映射。可是对于一个只有有限输入 / 输出的 BP 网络来说，隐含层无需太多的节点，因为当隐含层节点太多会导致训练时间过长，造成不必要的浪费；不过节点太少又会造成网络容错性差以及对新样本识别性能低。然而对于隐含层节点数的确定问题目前依然还没有一个很好的解析式来解决它。通常来说，隐含层的节点数与模型结构、求解问题的要求、输入 / 输出节点数等都有直接关系。一般都是根据前人的经验公式总结并结合试验，最终才能确定出隐含层节点数。以下是两个由前人经验总结的关于确定隐含层节点数的经验公式：

$$n_2 = \sqrt{n_1 + n_3} + a \tag{4-11}$$

式中，n_1、n_2 及 n_3 分别是指输入层、隐含层和输出层的节点数，a 是一个介于 1 ~ 10 之间的常数。

$$n_2 = \begin{cases} n_1 + 0.618(n_1 - n_3), n_1 \geq n_3 \\ n_3 - 0.618(n_3 - n_1), n_1 < n_3 \end{cases} \tag{4-12}$$

上式中，n_1、n_2 及 n_3 与式（4-11）中含义相同。

本文在参考以上两个公式的基础上，通过 MATLAB 软件进行多次运算，最终确定最合适的隐含层节点数。

（4）输出层节点及样本数据

输出层只有一个节点，其输出数据即为旧工业建筑再生利用项目的安全风险值，如表 4.4 所示，每一风险值对应某一具体的安全风险等级。一般通过安全事故发生的概率及其后果的严重程度进行安全风险等级划分，所以说，安全风险值是事故发生概率及其损失程度的综合体现。在明确项目所处的安全风险等级时，安全管理者根据企业自身风险承受能力条件，确定相应的风险可接受标准，并制定出相应的安全对策措施，进行有效的安全风险控制。本文主要依据专家经验分析，分析目标项目再生利用竣工后的整体状况，对安全整体的实际风险做出评估，如果已通过其他方法得出本项目的安全风险值，此风险值也可作为评估依据。

安全风险评定等级　　表 4.4

等级	风险值	接受准则	安全风险程度描述
一级	0 ~ 0.2	可忽略	风险极低，安全状况很好，不必进行处理
二级	0.2 ~ 0.4	可接受	风险偏低，安全状况较好，需引起注意，重伤可能性很小但有发生一般伤害事故的可能性，需常规管理审视
三级	0.4 ~ 0.6	处理后可接受	风险中等，安全状况一般，一般伤害事故发生可能性较大，需进行整改

续表

等级	风险值	接受准则	安全风险程度描述
四级	0.6 ～ 0.8	不可接受	风险较高，安全状况不理想，事故潜在危险性及可能性都较大，而且后果较难控制，必须立即整改，整改后应时刻监控
五级	0.8 ～ 1.0	拒绝接受	风险极高，安全状况很糟糕，事故潜在危险性及可能性都很大，而且事故后果无法控制，必须立即停工，组织整顿，并进行实时监控

（5）传递函数及训练方法

在 BP 神经网络中，常用的函数一般是非线性函数 logsig 和 tansig 函数，两个函数的表达式分别见式（4-13）和式（4-14）：

$$f(u)=\frac{1}{1+e^{-u}} \tag{4-13}$$

$$f(u)=\frac{1-e^{-u}}{1+e^{-u}} \tag{4-14}$$

由于二者的输出值范围被限制在（0，1）和（−1，1），有时不能满足实际需要，所以也会用到纯线性函数。但是本研究的输出值是介于 0 ～ 1 之间，所以用 logsig 和 tansig 函数即可满足要求。

本模型的训练和检测都是通过 MATLAB 软件相关程序实现，MATLAB 软件中提供了大量训练函数和学习函数可供选用，本文选定应用动量 BP 算法的 traingdm 函数进行网络训练。

4.5 安全风险控制措施

4.5.1 决策设计阶段

决策设计阶段属于旧工业建筑再生利用过程中的孕险阶段。基于前文分析，本文从安全意识教育、安全生产投入、工程质量保险制度、设计方案及图纸、检测加固方案等几个方面进行决策设计阶段的风险控制。

（1）安全意识教育

旧工业建筑再生利用项目在体量、规模和参与组织上可能不比新建建筑工程大，但改造加固过程中，施工工艺、改造技术、改造环境等都相对来说比较复杂、难度有所提高。但有些建设单位、监理单位、施工单位的管理层仍会认为只是简单的传统施工作业，进而放松警惕，导致安全管理出现漏洞，为不安全事件的发生埋下了隐患。因此，加强对决策管理部门人员的安全意识教育显得尤为重要。应咨询或聘请旧工业建筑再生利用专业技术团队对项目各参与方核心人员进行培训，针对项目特点、施工工艺流程、常见危险源等事项以及常见事故紧急应对措施进行讲解，并配发安全手册加强对安全事故的防范意识。与此同时，定期进行安全知识考核，辅以奖惩制度。对安全常抓不懈，才能项目上下一心树立起安全意识，主动遵守安全规章制度，减少违章作业和不安全行为的发生，形成良性循环。

（2）安全生产投入

现阶段，旧工业建筑再生利用项目承接单位以施工总包为主，建设单位为了控制项目成本对安全控制的资金投入进行压缩，使得安全隐患被无限放大。为了建立企业安全生产投入长效机制，应建立旧工业建筑再生利用项目安全投入指标体系。通过对指标进行控制，从而达到安全风险控制的目的。项目安全费用的提取准则、安全费用的使用、监督管理等应根据《企业安全生产费用提取和使用管理办法》中的规定执行，同时，应按现行《建筑施工作业劳动防护用品配备及使用标准》JGJ 184 的规定供给施工人员适用、有效的防护用品，并建立健全按规定发放、保管、检查和使用的管理办法。

（3）工程质量保险制度

在旧工业建筑再生利用过程中，施工质量和安全风险紧密相关，如果管理层在决策期能够引入工程质量保险制度，可以有效地控制和降低风险因素。

工程质量保险，是指工程质量潜在缺陷保险，是由工程的建设单位投保，保险公司根据法律法规和保险条款约定，对在保修范围和保修期限内出现的有工程质量潜在缺陷所导致的投保建筑物损坏予以赔偿、维修或重置的保险。

在项目实施过程中，建设单位始终考虑的是资金的快速回笼，追求利益的最大化，作为最终的用户更多的是考虑建筑物的质量，两者是一对矛盾体，但引入工程质量保险制度之后，保险公司就成为用户的代言人，保险公司可以对工程进行招标、选择施工单位、监理单位以及工程验收机构进行监督和管理，规范建设单位的行为，从而保障项目安全。

（4）设计方案及图纸

在旧工业建筑再生利用项目的决策设计阶段，开发部门通过公开招标的方式选择有资质的、信誉高的、实力强的检测鉴定机构参与项目的检测与加固设计。聘请业内权威专家学者进行方案论证，论证通过后应报批至当地行政部门进行备案，并交由专业审图机构进行安全性审查，审查通过后建设单位应妥善保存相关图档。

（5）检测加固方案

检测加固的目的是通过补强原结构及构件，减少原结构及构件的荷载效应，从而提高结构安全的可靠性。同一项目采取不同的检测加固方案，同一项目不同结构采取不同的方法，都会导致加固改造后结构的质量参差不齐。在加固方法选择上，应根据可靠性鉴定的结果，结合结构的特点、当地技术经济条件、新的功能要求等因素合理确定加固方法。当多种加固方法均可行时，应根据其加固效果、施工简便性、经济合理性，综合分析确定。

4.5.2 施工建造阶段

在旧工业建筑再生利用施工阶段时，常常由于施工人员的操作失误、机械设备违章操作、环境条件多变性等导致施工现场不安全事故的发生，主要有坍塌、火灾、中毒、高空坠落、物体打击和电击等，这些施工事故一般连带发生人员伤亡，因此，项目施工阶段的安全风险控制在整个过程的安全风险控制中至关重要。

（1）危险源辨识

危险源在旧工业建筑再生利用项目实际施工建造中的种类繁多而且非常复杂，不仅存在于施工区域内，也可能存在于施工区域外。要对危险源进行有效的控制，首先必须采用科学正规的方法对其进行辨识。只有充分识别危险源的所处部位，分析其事故致因机理，才能进一步防止安全事故的发生。其次，施工现场作业情况至少半天排查一次，如遇较大或未知的危险源应立即停止作业，请求专业技术人员给出建议，避免盲目施工。最后，施工现场应树立安全警示标志，时刻提醒或帮助施工作业人员辨识常见危险源。

（2）临时支护体系

旧工业建筑体量较大，高度一般在 8m 以上，加固改造施工作业时，往往需借助一定的升降设备和搭建临时支撑系统，如图 4.5、图 4.6 所示。为避免高空坠落事故发生，确保作业过程中的安全，稳固的支撑体系必不可少，涉及高空作业须系安全带。另一方面，为准确检测构件的某项性质（强度，碳化深度，主、箍筋直径），有时需对构件表面进行剔凿、打磨，甚至取芯，会对构件整体或者局部造成一定的破坏，这种情况下检测人员需对某些构件整体或者局部进行临时支撑，防止作业过程中发生坍塌事故，以保证作业人员的安全。

图 4.5 升降设备

图 4.6 临时支撑

（3）变形监测

在改造加固过程中，加荷或者卸荷作业，改变原来的传力体系，会导致构件应力发生变化。一旦承载力严重不足，构件会出现变形或者位移。因此，施工过程中，需对改造加固过的构件进行变形与位移的实时监测，对不符合监测变形标准的构件进行及时修复，保证建筑结构安全性。

(4) 工业污染物

旧工业建筑在原生产期间，由于酸、碱、盐、重金属及有机物等物质的侵蚀作用，其建筑及设备设施等都遭受不同程度的污染，如图 4.7 所示。而施工建造过程中，这些危害不易察觉，容易被忽视。因此，在施工作业中，必须严格完成相关政策规定的环境安全检测与评定，同时给作业人员配备相关防护用品，对于潜在的污染物进行全过程的监测与修复。

(a) 柱间支撑被锈蚀

(b) 屋面板附着污染物

图 4.7 旧工业建筑遗存污染

(5) 安全技术交底

在旧工业建筑再生利用项目施工开工前，必须对现场的情况、加固改造方案、设计图纸、施工工艺、施工流程等进行安全技术交底工作，指导施工作业人员及时学习，熟悉项目自身的特点，保证项目安全顺利开展。

(6) 应急管理预案

主要针对旧工业建筑再生利用项目施工现场易发生的坍塌、火灾、中毒、高空坠落、物体打击和电击等不安全事故进行提前的预防演练和应急管理。应急演练、应急管理、应急救援等应一两个月进行一到两次，将现场应急管理真正落实到每个施工作业人员身上，在遇到危险事件时，能首先保证自身安全，降低伤亡损失。

4.5.3 工程验收阶段

旧工业建筑再生利用工程验收应符合工程勘察、设计文件的规定，符合现行《建筑工程施工质量验收统一标准》GB 50300 和相关专业验收规范的规定。

(1) 工序质量验收

项目中采用的主要材料、半成品、成品、建（构）筑物配件、器具和设备应进行进场检验。凡涉及安全、节能、环保和主要使用功能的重要材料、产品，应按工程施工规范、验收规范和设计文件进行复验，并经由专业监理工程师检查认可。

各施工工序应按照施工技术的标准进行质量控制。每道施工工序完成后，经施工单位自检合格后，方可进行下道工序施工。各专业工种之间的相关工序应进行交接检验，并做记录。

（2）施工质量验收

工程施工质量验收均应在施工单位自检合格的基础上进行。参加工程施工质量验收的各方人员应具备相应的资格。对涉及结构安全、节能、环境保护和主要使用功能的试块、试件及材料，应在进场时或施工中按规定进行见证检验。隐蔽工程在隐蔽前应由施工单位通知项目监理机构进行验收，并应形成验收文件，验收合格后方可继续施工。其他相关施工质量验收应符合现行标准《旧工业建筑再生利用工程验收标准》T/CMCA 3003—2019、工程勘察和设计文件的规定。

（3）竣工验收

竣工验收指建设工程项目竣工后开发建设单位会同设计、施工、设备供应单位及工程质量监督部门，对该项目是否符合规划设计要求以及建筑施工和设备安装质量进行全面检验，取得竣工合格资料、数据和凭证。

旧工业建筑再生利用项目的竣工验收应以上级主管部门对项目批复的各种文件作为依据，配合可行性研究报告、初步设计文件、施工图设计文件及设计变更洽商记录以及国家颁布的各种标准和现行的质量验收规范进行验收。验收项目是否按照批复的设计文件建成，配套和辅助工程是否同步建成，以及质量是否符合国家标准规范的规定。

4.5.4　运营维护阶段

旧工业建筑再生利用项目建成之后，投入运营一年之内应定期进行检测与监测，以保证加固和改建安全效果。若发现建筑物出现变形或者裂缝，影响到建筑物的结构安全性，应及时进行修复。在日常的使用中，加强对建筑物的日常管理，包括排水、供电、供暖、消防、电梯、空调、燃气及通信等设备的日常维护与保养。应设置建筑设备监控系统及时了解各类设备的运转情况，并对设备故障及时处理。

第二篇

安全管理解构

第5章　旧工业建筑再生利用社会安全

旧工业建筑再生利用的安全事故绝大部分发生于施工建造阶段。该阶段主要参建单位为施工企业、监理单位和安全监管部门，其博弈关系较一般的监管双方博弈更加复杂。本章通过识别社会安全中的主体，建立一个多方安全监管博弈模型，利用传统博弈理论求解纳什均衡，证明博弈过程的各方策略选择的变化特性，在此基础上，揭示博弈过程的动态性分析对现实的指导性意义，从而也为分析多方安全监管博弈的演化过程提供参考和借鉴。

5.1　基本内涵

5.1.1　概念

（1）社会安全

在《中华人民共和国突发事件应对法》中，“社会安全”的概念首次出现在法律文件中，同时也是在法律层面上的首次解读。关于社会安全的研究群体，以公共管理学者与社会学者为主，他们通过对国内外相关研究成果的归纳整理，做出了对社会安全概念的各种解释。汇总来说，其本质是社会秩序的合理有序，在此情况下人身财产安全得到充分保障，而且社会系统运行稳定没有威胁。就我们目前的认识来说，社会安全起码包括有居民安全、民宅安全、族群安全、城镇安全、乡村社会、街巷安全、社区安全、校区安全、市场安全等构成要素[14]，而且其中的每个构成要素又可以划分为若干低一层次的构成要素。社会安全既有广义的概念也有狭义的概念。广义的社会安全是指一种和谐有效的社会运行状态，安全因素最少且能够保持各种社会状态良性运行和协调发展的状态。从这个层面上来看，社会安全包括了经济安全、政治安全、社会生活安全、思想文化安全等诸多方面。狭义的社会安全则不包括经济安全和政治安全，主要是人为引起的社会动荡的社会生活安全等。

（2）旧工业建筑再生利用社会安全

旧工业建筑再生利用社会安全即发生在旧工业建筑再生利用项目建设过程中的人为的涉及多数人的生命、财产安全的行为或事件。本节根据旧工业建筑建筑特点、开发模式、建造形式等，将社会安全事件划分为常规事件类和非常规突发事件类。常规社会安全事件是平时经常发生的、有非常固定的处置流程和管理机制的、危害和影响通常有限的事件。

非常规突发事件则主要是不经常发生的、必须采用应急处置机制的、危害和影响通常较高的事件，如图 5.1 所示。

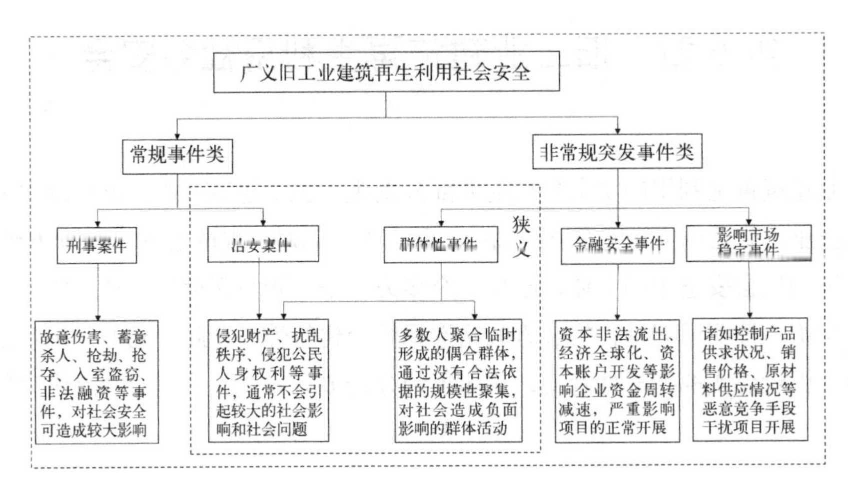

图 5.1　旧工业建筑再生利用社会安全含义

综合来看，社会安全事件具有突发性、高不确定性、防范管控的高复杂性等显著特点，是一个影响社会秩序的不稳定因素。尤其是以恐怖袭击、重大刑事犯罪、重大群体性事件与大规模非法上访等为典型代表的社会安全事件，更是反映了当前严峻的社会安全形势。因此，针对社会安全事件进行客观、有效、及时的风险分析十分必要。

5.1.2　理论基础

（1）利益相关者理论

利益相关者的概念最初由斯坦福大学研究所于 1963 年提出。Freeman 在其著作《战略管理：一种利益相关者的方法》中指出，利益相关者就是能影响一个组织目标的实现，或被一个组织的目标实现过程所影响的所有个人和群体 [15]。Freeman 认为，利益相关者个人目标的实现依靠于企业，而企业也依赖利益相关者以维持生存。Clarkson 引进专用性投资的概念，认为利益相关者在企业中投入了实物资本、财务资本及人力资本或其他有价值的东西，会随企业的活动变化而承担某些风险 [16]。

利益相关者是组织在外部环境中受组织决策和行动影响的任何相关者，其理论的核心思想是：所有组织的发展都与各利益相关者的参与和投入密不可分，组织追求的不仅是某一个体或部分主体的利益，而是实现所有相关者的整体利益。利益相关者之间相互合作、影响及制约的结果决定了组织实现最终目标的程度。其原理的模型结构如图 5.2 所示。

利益相关者理论的重点是寻求在组织经营管理过程中各个利益相关者的利益平衡，以及组织目标的实现程度，可广泛应用在政策管理、医疗管理、环境管理及项目管理等

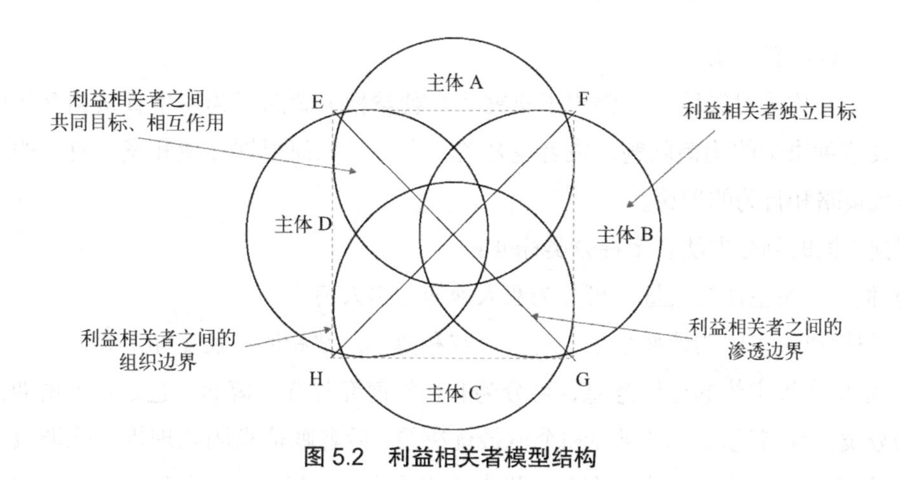

图 5.2　利益相关者模型结构

多个领域。利益相关者对项目成功或提高项目绩效非常重要，主要是由于项目需要利益相关者金融或非金融的贡献、利益相关者的潜在抵制可能造成影响项目成功的多种风险、利益相关者使用不同战略均会不同程度地影响项目产出。项目在制定政策机制的过程中，应广泛接受利益相关者的制约和监督，保证其平等参与权。

从利益相关者的角度来研究旧工业建筑再生利用利益机制，可以通过以下四个步骤进行：1）界定利益相关者。应结合实际梳理出旧工业建筑再生利用过程中所涉及的利益相关者，进而研究其中的利益关系。2）明确利益相关者的利益诉求。每个利益相关者均有不同的需求，须明确其中共同的利益诉求点及利益矛盾冲突点。3）厘清各利益相关者的关系。分析并厘清利益相关者之间的关系是有效管理利益相关者的先决条件，从而进一步协调其中的矛盾。4）满足利益相关者的利益诉求。满足各相关主体的利益诉求是利益相关者理论的核心和最终目标，尤其是要满足在组织中起决定性作用的利益相关者的诉求。

（2）公共危机管理理论

公共危机管理又称突发公共事件管理，是一种应急性的公共关系，是危机管理的特殊类型。事实上，危机管理是一个动态过程，包括危机前的预警管理、危机中的应急处理，以及危机后的善后处理，是全方位的管理行为。美国“9·11”事件后，公共危机管理在国际领域内引发广泛关注，随着社会进步带来的不稳定因素的增加，公共危机管理的研究逐渐变成学术界研究的热门话题。我国学者张永理认为公共危机管理也称政府危机管理，是指政府针对公共危机事件的管理，是解决政府对外交往和对内管理中处于危险和困难境地的问题[17]。即政府在公共危机事件产生、发展过程中，为降低、消弭危机的伤害性，根据危机管理规划而对危机直接采用的措施及管理活动。旧工业建筑再生利用社会安全问题及其治理研究是以社会安全类突发事件为背景展开的，所以必不可少的要以公共危机管理理论为支撑，在此基础之上，政府可以针对具体情境，选择相应治理策略，最大程度上保护政府形象和维护公众利益。

（3）经典博弈理论

博弈论又称为对策论，主要用于研究核心利益相关者的行为发生直接相互作用时的决策以及这种决策的均衡问题，或者说是关于竞争者如何根据环境和竞争对手的变化来采取最优策略和行为的理论。

根据不同的划分方法有多种分类标准：

1）根据决策主体的数量，可分为双人博弈与多人博弈；

2）根据决策主体的博弈结果，可分为零和博弈、常和博弈及变和博弈；

3）根据决策主体的合作意愿，可分为非合作博弈与合作博弈，也是目前博弈论中最常见的分类。前者追求个体理性和个体最优决策；后者则追求团队理性，强调效率、公正和公平，需要决策主体达成具有互相约束力的协议，一旦该协议对任何一方没有强制力，且不能约束决策主体单纯追求个体效益最大化，合作博弈将不复存在。近期的许多研究成果表明，合作博弈越来越多地被应用于组织理论的研究。合作博弈的回归为合作与冲突的分析提供了更有利的工具，促使组织问题的外延不断扩大，从最初的企业互动和策略选择扩展到了合作团体甚至不同地域企业之间的战略互动。

博弈论在非合作博弈上应包括七个要素：决策主体、行动、决策主体在博弈中的信息、决策主体所选的行动规则、决策主体的支付函数、博弈的结果以及博弈的均衡。在这七个要素中，按照决策主体的行动和决策主体在博弈中的信息，又可以将非合作博弈划分成四种不同类型的博弈。当决策主体的行动同时进行或一方行动时不知道其他决策主体采取了什么行动时，则被认为是静态；当决策主体的行动有先后顺序，并且后手的决策主体可以知道前手的决策主体采取过什么行动时，则被认为动态。若每一个决策主体均对其他决策主体的信息、行动规则、支付函数有所了解，则属于完全信息；若任意一个决策主体对其他决策主体一无所知，则属于不完全信息。由此也对应了四个均衡概念，如图 5.3 所示。

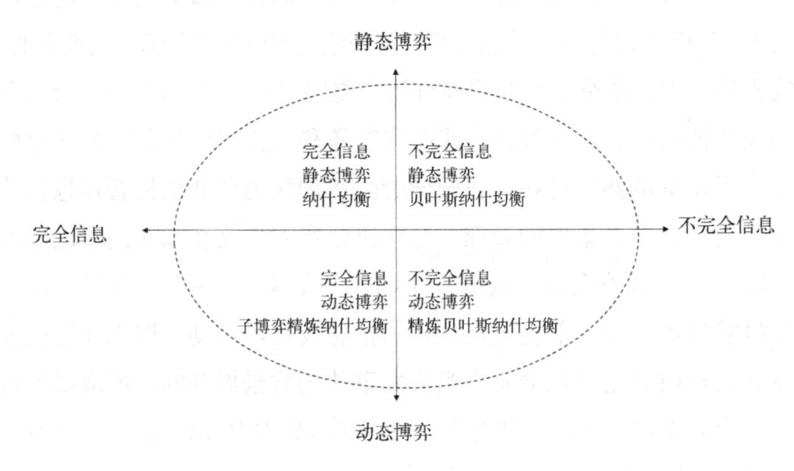

图 5.3 非合作博弈划分类型

目前，博弈论在解决我国城中村改造矛盾中的应用研究已取得了一些进展，虽然研究成果尚不能系统完整地解决当前面临的问题，然而，对城中村改造博弈的深入研究可为其他类型改造项目的研究提供一定的参考。从博弈论的角度研究旧工业建筑再生利用利益机制，一方面，可从本质上找出项目参与各方的利益平衡点和最优解，有效解决各方的利益冲突，最大化满足各方利益，从而保证项目的顺利实施；另一方面，在各种类型改造项目理论研究匮乏的情况下，对完善旧工业建筑再生利用理论体系和各类改造项目理论内容的补充具有重要的意义。

5.1.3　形态与目标

（1）社会安全的形态

1）从动力上看，社会安全源于公共利益

公共利益是维系群众生活运转的重要力量，它决定着群众生活的广度与深度，规定着群众生活的内容与方式，影响着群众生活的存在与发展状态。公共安全关乎群众生活中的社会价值能否得以维系，关乎公民的共同权益能否获得保障，关乎社会组织的目标能否顺利实现。因此，社会安全本身即是一种重要的公共利益，是全社会所应共同追求的生存与发展的目的。同时，社会安全又是一种特殊的公共利益，其价值在于保障其他公共利益的实现，离开了社会安全，经济、社会、政治、文化利益也就无从谈起。在这个意义上，社会安全又是全社会所应共同谋求的生存与发展的手段。可见，社会安全在公共利益问题上是目的与手段的统一。

2）从性质上看，社会安全是一个复杂的系统工程

根据系统论的观点，系统是指由相互联系、相互作用、相互影响的要素按一定方式组成的具有特定功能的整体。系统具有开放性。在外部，那些不断与系统进行物质、能量、信息交换的诸多要素构成了系统赖以存在的环境；在内部，不同的子系统和要素构成了系统本身的内容与结构。这些内外要素及其组合的复杂状况，决定了一个系统的复杂程度。之所以说社会安全是个复杂的系统工程，是因为：第一，社会安全所面临的外在影响因素是复杂的，涉及自然、社会、政治、经济、文化诸多方面。它们相互交织，直接或间接地作用于社会安全，构成社会安全的生态系统。第二，社会安全所包含的子系统和要素是复杂的，其子系统在空间范围上包括全国性社会安全（如中国的社会安全）和地区性社会安全（如东北老工业基地的社会安全）；在内容上包括经济安全、政治安全、文化安全等。公共安全的要素则更加复杂，包括参与主体、活动内容、目标、任务、手段等。第三，无论是社会安全的外在影响因素还是其内在的构成要素都处在不断的变化中，使本已错综复杂的结构和体系变得更加捉摸不定、模糊不清。

3）从运作来看，社会安全是社会内部不同要素间持续互动与博弈的过程

传统的国家安全主要是不同国家间博弈的结果，也就是说，对某一具体国家而言，

其安全状态是与外部力量展开较量的结果。社会安全与之不同，它更多的是内部要素间互动与博弈的结果。不同要素间的和谐与合作带来的是社会安全的理想状态，反之，不同要素间的矛盾与冲突往往使公共安全陷入威胁与困境。

4）从地位来看，公共安全处于承上启下的特殊位置

它既不同于作为统一整体的国家安全，又不同于单个公民个人的安全，而是处于整个国家安全体系的中间层次。作为一种内在基础，社会安全向上承载着国家安全；作为外部条件，社会安全向下管着每个公民的安全。因此，它具有承接上下、衔接内外的特殊地位和功能。

根据社会安全与社会稳定之间的关系，只有保证了社会安全，降低社会不稳定因素，才能最终实现社会稳定，社会安全是社会稳定的前提和基础。一旦发生社会安全类突发事件，将对整个社会的安全和稳定带来巨大的伤害，严重到一定程度甚至会破坏原有的社会生态，导致社会失稳。目前国内理论界将重大工程引发群体性事件、影响社会稳定的风险定义为“社会稳定风险”。社会安全风险和社会稳定风险都属于风险社会语义中的“社会风险”，都受到众多因素的影响，都是由内在矛盾引发的，如果处理不当，社会安全风险演化到一定程度就会成为社会危机，并对社会稳定和社会秩序造成灾难性影响。

旧工业建筑再生利用项目所涉及的各种风险因素是在不断的运动、变化和发展过程中的。随着项目建设过程的推进，新的风险因素不断产生，程度和范围不断扩展，此时各类风险因素之间没有产生相互作用，处于相对稳定状态。旧工业建筑再生利用项目涉及的社会安全问题主要表现在项目实施前各参与主体利益分配问题，各参与主体为了实现自身利益的最大化产生的种种矛盾，会严重影响社会的稳定进步。所以旧工业建筑再生利用项目的发展趋势是正确识别各参与主体并协调各参与主体利益冲突，避免出现影响社会安全的事件发生，保证旧工业建筑再生利用顺利进行。

（2）社会安全目标

安全生存是人的现实本质力量在生活世界中的总体性实现，而“生存安全”社会的生成为人的本质力量的安全文化整体性实践的生成提供了载体和场域。这些安全性生存所内蕴的安全生存观念结构既不是脱离历史与逻辑的社会制度性悬置，也不是生活主体自我静态的对现实反思的孤寂运动，而是与社会制度、社会关系的安全异化状况的博弈，是正当性的安全生存实践与价值合理性逻辑的出场，同时，则是“生存安全”社会的艰难创制与现实生活主体观念的剧烈变迁过程。

在必须面对的经济转型过程中，对那些产业衰败或衰退地区曾经的旧工业厂区，经改建使其具有新使用价值的做法，有着重要的社会意义。首先，旧厂区建筑再生利用的可持续性给予了该社区居民心理稳定的某种暗示，特别是当他们突然失去长期稳定工作的时候；其次，改建后具有新功能的城市区域体，将为社区居民提供新就业机会，可有

效地化解可能的社会不稳定因素；同时，旧工业建筑的焕然新生也将带动该社区的经济复苏和进一步的繁荣发展。可见，一项适时、合理、成功的工程改建活动，对社会的和谐再建有着极大的促进作用。

西安建筑科技大学华清学院是此举的积极践行者。通过收购并改建，投资 3756 万元，耗时仅两年，就取得了近 3 万 m^2 的教学和办公场所，及时地满足了学校 2004 年首批新生的教学需求；而且，改建过程中注意保留了厂区内的原有树木和植被，使得建成的校区郁郁葱葱，如图 5.4、图 5.5 所示。

图 5.4　华清学院教学楼

图 5.5　华清学院树木和植被

5.2　主要问题

5.2.1　主体识别

旧工业建筑再生利用社会安全问题的本质是各方主体利益分配的问题。在旧工业建筑再生利用项目中，如何在投资决策阶段协调各方主体的利益冲突是项目开展的前提，也是项目顺利推进的关键之处。

利益是旧工业建筑再生利用项目中最敏感也是最受关注的问题，利益主体则是再生利用项目的主要推进者与受益人，对项目影响深远，因此利益主体的识别至关重要。利益主体的识别步骤可分三步展开，首先通过对项目所涉及的利益相关者进行统计，确定分析样本，然后采用文献分析法和实地调研的数据整理对所统计的样本进行筛选，最后在此基础上利用社会网络分析法进一步识别出项目利益主体，为后续的利益决策打下基础。

（1）利益相关者初步确定

通过文献分析与实地调研，对旧工业建筑再生利用项目的利益相关者进行汇总，包括政府、开发商、原企业、研究者、第三方融资、社会公众、附近居民、咨询机构等。

（2）关系强度确定

通过与专家深度访谈，进行利益相关者之间关系强度值的确定。访谈对象包括项目负责人、政府工作人员、研究学者等10位专家。专家根据相关工作经验对利益相关者之间的关系进行打分，规则为：不存在关系时，得分为0；有n种关系，得分为n（最高为5分）；各关系之间不存在重要程度的不同。由此得出邻接矩阵，如表5.1所示。

投资决策阶段利益相关者关系强度邻接矩阵　　表5.1

利益相关者	政府	开发商	原企业	研究者	第三方融资	社会公众	附近居民	咨询机构
政府	0	5	3	1	4	1	1	5
开发商	5	0	5	1	5	1	1	4
原企业	3	5	0	1	3	1	1	2
研究者	1	1	1	0	2	0	0	1
第三方融资	4	5	3	2	0	0	2	4
社会公众	1	1	1	0	0	0	0	1
附近居民	1	1	1	0	2	0	0	0
咨询机构	5	4	2	1	4	1	0	0

（3）社会网络模型建立

应用UCINET 6.0软件处理表5.1中的矩阵数据，采取中心性分析法确定各利益相关者联系度节点大小，再利用软件生成利益相关者社会网络模型，如图5.6所示。由此可知政府、开发商和原企业在模型中位于较为中心的位置，与其他利益相关者联系较多，且影响力较大，因此将三者作为项目利益主体。

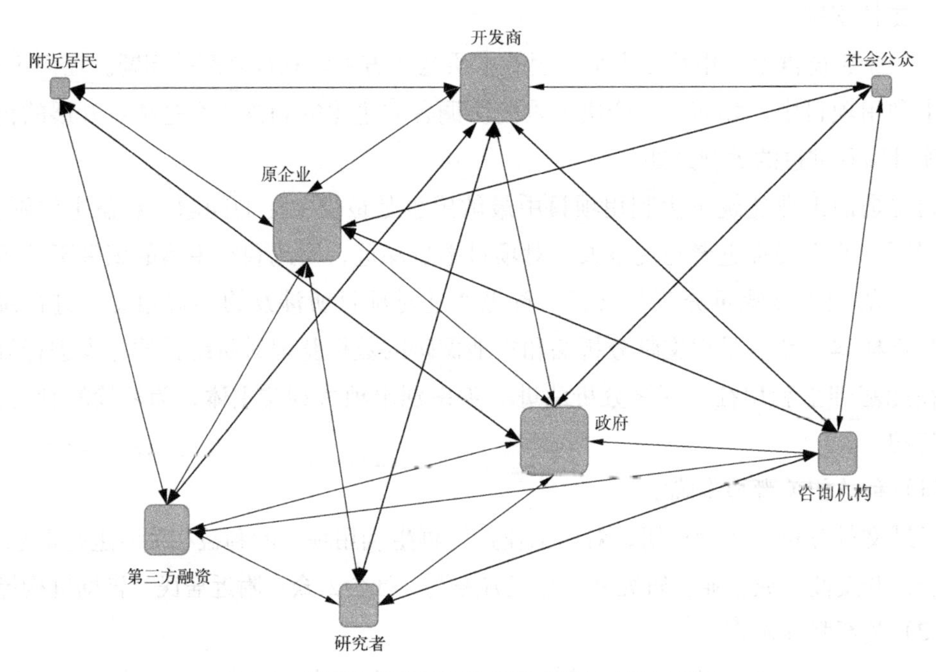

图5.6　投资决策阶段利益相关者的社会网络模型

5.2.2　利益机制

在旧工业建筑再生利用过程中，各参与主体不断进行着利益分化与重新整合的动态调整，需设计相适应的利益机制以保证项目开展的稳定性。通过利益平衡满足不同主体的合理利益诉求，构建旧工业建筑再生利用的有效管理模式，实现再生利用价值创造最大化，从而推动我国旧工业建筑再生利用项目运行由平稳性转变为高效性。由于项目的利益与其效益、补偿、监管、激励、分配具有耦合关系，因此项目利益机制一般包括效益评价与量化、补偿机制、监管机制、激励机制、分配决策五个方面的内容，如图 5.7 所示。

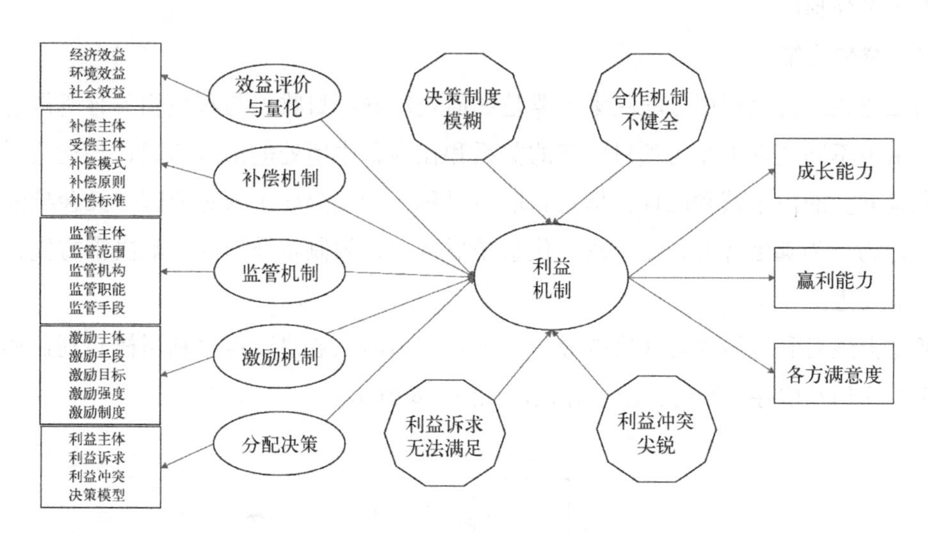

图 5.7　旧工业建筑再生利用利益机制

（1）效益评价与量化

旧工业建筑再生利用效益评价是对项目实施过程中的经济、社会、生态、文化等方面进行预先综合效益评价。评价是项目开展中必要的一个环节，科学合理的评价可为方案优选、规划设计、施工控制、管理思路调整、风险评估提供有效的指导意见。而效益量化则是考虑了项目来自社会、环境等方面的描述性收益，并给出可靠的量化值，为利益分配博弈模型建立提供数据支撑。

（2）补偿机制

旧工业建筑再生利用补偿机制主要涉及政府对开发商关于财政税收金额的补偿以及对原企业单位关于安置费用的补偿。补偿是利用条件的差异，相互补充以提高整体效益的措施，实现各方满意的局面。应建立对利益受损方的合理补偿机制，从机制和制度建设上寻求更有效的措施，以使受偿主体的合法权利得到有效保障，从而维护社会稳定。

（3）监管机制

旧工业建筑再生利用监管机制贯穿于项目全生命周期中，政府负责指导完善监管制度和措施，建立由技术服务机构、行业协会及其他非政府组织组成的监管机构，以规范市场行为。严格的监管机制可有效解决再生利用过程中的社会、安全、环境等方面的问题，以确保项目的有序进行。

（4）激励机制

旧工业建筑再生利用激励机制主要是指政府为推动项目的开展，运用多种激励手段以调动开发商的积极性进而设计的一套理性化的制度。利润最大化是开发商追求的唯一目标，政府应针对开发商的特性，充分发挥“利益驱动”效应，采取适当的激励措施来满足其需求，以提高其开发再生利用项目的积极性和创造性，使旧工业建筑的剩余价值能够得到充分利用。

（5）分配决策

旧工业建筑再生利用分配决策主要是如何处理好项目收入与利益相关者所得之间的关系。由于不同类别主体与项目资产的关系和在项目中所处的地位不同，其利益诉求也会存在差异。而由于其利己性、信息获取不对称、利益分配不公等原因，又会导致一定的冲突行为。为满足各方利益诉求、化解矛盾冲突，须制定合理的分配决策方案，使各方利益最大化。

通过上述对利益诉求与冲突的分析，可总结出旧工业建筑再生利用核心利益相关者行为之间的相互依存、制约、影响方式，如图 5.8 所示。

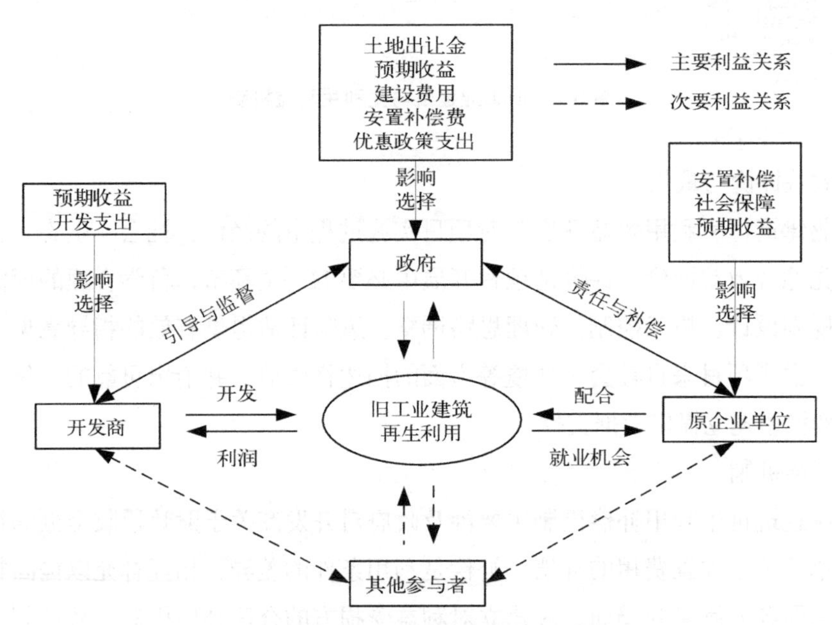

图 5.8　旧工业建筑再生利用利益主体关系

5.2.3　诉求分析

利益诉求的表现形式为各主体为保障自身权益而提出的一系列要求，为保证旧工业建筑再生利用利益机制平稳运行，需调解各利益主体之间的矛盾，保障各利益主体的权益。

通过深入的调研工作，对项目相关的城市管委会、土地局、项目开发商、原企业、入驻商家等单位及专家进行访谈，总结出政府、开发商、原企业三方利益主体对旧工业建筑再生利用的利益诉求如表 5.2 所示。

政府、开发商、原企业利益诉求　　**表 5.2**

利益主体期望效益		政府	开发商	原企业
经济效益	土地增值收益	✓	✓	
	区域经济发展	✓		
	运营所得租金		✓	
	改造完成收益	✓	✓	
	安置补偿费用			✓
	吸引外来资金	✓		
环境效益	充分利用既有资源		✓	
	减少建筑垃圾产生	✓		
社会效益	增加就业机会	✓		✓
	完善基础设施	✓	✓	
	文化保护传承	✓		

（1）政府角色与诉求分析

政府作为旧工业建筑再生利用的倡导者和组织者，主要通过政府行政决策权决定旧工业建筑再生利用的方式和必要性。政府对市场的干预和宏观调控在很大程度上会通过对土地和房屋的政策制定来实现，同时作为再生利用项目的动力主体，对开启项目土地流转手续、吸引社会资源以及平衡参与方利益诉求等方面具有推动作用。

政府自身的诉求有两方面，一方面政府代表的是社会公正和公共利益的最大化，通过对旧工业建筑的再生利用来达到城市更新改造的目的，除此之外，拉动经济快速增长、进一步促进城市可持续发展也是目的之一。另一方面，政府对旧工业建筑再生利用进程的加快，有助于改善城市的产业结构和环境，提升自己的政绩。

（2）开发商角色与诉求分析

开发商是项目的策划者以及运营者，在政府引导型的开发模式中处于主动地位，在政府主导型的开发模式中则侧重于配合。开发商的作用一方面是积极配合政府工作，按照政府对项目的区域定位进行建设方案调整，并向政府报备计划开发方案，同时寻求优惠政策、专项资金扶持以及区域宣传等相关资源倾斜；另一方面则是按照市场经济规律，选择其认为的最佳计划方案，投入资金以及相关技术管理人才来追求经济利益最大化。

开发商对再生利用项目的利益诉求主要有四个方面：1）建立良好企业形象，扩大企业社会影响力；2）与政府建立良好合作关系，以利于今后资源的倾斜；3）通过参与再生利用项目发掘新的商机，拓展企业营利的多元化方式，增加在商业竞争中的抗风险能力；

4）获得丰厚的经济收益。其中获得直接经济收益是开发商的最大诉求，也对开发商的决策行为影响最为直接。

（3）原企业角色与诉求分析

原企业是项目运行中的执行者和推动者。原企业对项目再生利用进程具有重要的影响，原企业的积极配合能够大大减少项目再生利用时间及经济成本，同时部分原企业在项目立项之初以投资建设或者股权投入形式参与项目筹建，采取此方法延续了对项目的管理决策，缓解了项目资金压力并加速了项目再生利用进程。

原企业的利益诉求主要可归纳为三个方面：1）合理的安置补偿方案以及有效的方案执行力；2）当入股参投再生利用项目时，获得后期土地增值效益以及项目分红；3）最大程度保持原貌地再生利用以满足原企业职工的情感寄托。其中安置补偿方案的制定落实是原企业的主要利益诉求，方案所涉及货币化补偿制度以及再就业岗位安置更是诉求的重中之重。

5.2.4 冲突分析

（1）政府与开发商冲突分析

在再生利用过程中，地方政府与开发商为对立合作关系，双方在土地出让金、优惠政策制定、项目发展定位以及区域经济带动等方面存在矛盾冲突，因为都以利益最大化为基本原则，从而容易陷入僵持状态。开发商希望从政府层面得到低成本的建设用地、高投资价值的区位建设条件、优厚的开发补贴以及稳定持续的政策配套。而政府则意图通过高额的土地出让金缓解财政压力，扶持特定产业增强经济发展的全面性，例如推动文化产业的发展，以及经济增长后带来可观的税收收入。总体来讲是以最低的价值付出换取地区经济的平稳发展与财政增长，从而提升自身政绩与影响力，由此便形成了开发商与政府的利益冲突。

（2）政府与原企业冲突分析

政府与原企业的利益冲突主要集中在职工安置补偿方案与土地产权的界定这两方面。原企业方希望政府承担社会责任，对职工提供不低于社会平均水平的安置配套，解决职工在企业破产或转型后的就业问题。而政府则希望在稳定职工情绪的同时，发挥职工的个人积极性和开发商的社会职能，自主化解就业安置矛盾，减轻自身财政负担。在原企业土地产权界定方面，由于市场的长期发展演化造就了工业用地复杂的产权关系，产权边界不清晰造成相关权益无法协调，进而成为制约项目再生利用及进程的主要矛盾之一。

（3）开发商与原企业冲突分析

开发商与原企业的利益冲突则集中在安置补偿方案以及项目的参与性两方面。在安置补偿方案的制定实施过程中，涉及的补偿资金总额、发放规则、安置补偿人数范围以及再就业职位规划方案等是双方角力的冲突点，如何确定一个双方均可接受的平衡点是

解决问题的关键。对再生利用项目的参与性方面，部分原企业入股再生利用项目希望获得管理权的延续，从而参与到项目管理的日常决策，而开发商则希望在给予原企业入股分红的同时能够独立高效地进行决策管理。

课题组在全国范围内进行实地走访调研，共调研 158 个旧工业建筑再生利用项目。采用现场采访法、问卷调查法、文献分析法等获取基础数据，并对数据进行剔除筛选，经进一步处理及归类总结，可得旧工业建筑再生利用项目中利益冲突对象、利益冲突类别所占百分比情况，如图 5.9、图 5.10 所示。

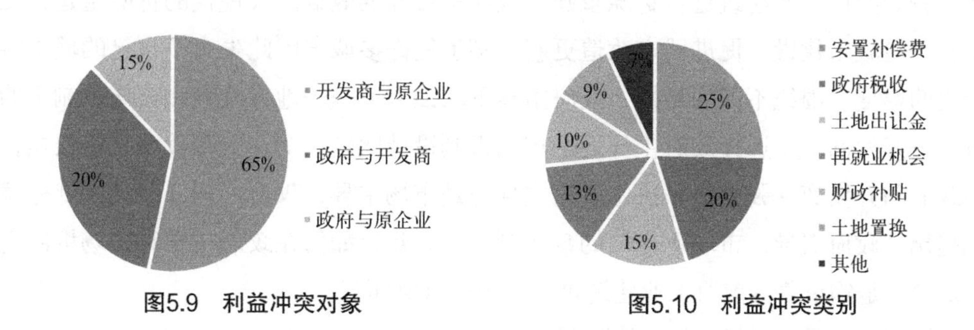

图5.9　利益冲突对象　　图5.10　利益冲突类别

由图可知，当前旧工业建筑再生利用过程中，利益冲突对象主要集中在开发商与原企业之间（65%），利益冲突类别则相对分散，占比相对高的是关于安置补偿费用的矛盾纠纷（25%）以及政府与开发商在税收金额方面（20%）是否达成共识。

5.3　对策研究

5.3.1　原因剖析

随着我国产业结构的调整，旧工业建筑的再生利用成为我国城市化进程的重要一环。然而在再生利用过程中，由于相关政策不明晰，项目合作机制不健全，各参与主体为了实现自身利益的最大化产生的种种矛盾严重影响再生利用的进程，甚至影响社会的稳定进步。其冲突形式见表 5.3。

旧工业建筑再生利用过程中主体间利益冲突形式　　表 5.3

土地使用方式	利益相关者构成	利益冲突形式
国有土地出让	政府、原企业单位、开发商	开发商与原企业：交易性冲突（安置补偿费用、再就业机会、新住宅购买、子女教育问题等）
		政府与开发商：开发条件的博弈（税收优惠力度、政策支持、财政补贴、贷款贴息等）
		政府与原企业：土地置换与土地出让的利益分配问题

（1）政府主导与市场机制的冲突

政府作为公共利益的代表，维持和谐稳定和促进发展是其根本目标。在改造过程中，地方政府更愿意以改善条件等方式来进行盘活，在避免拆迁矛盾、促进社会和谐发展的同时，保留城市的文化、彰显城市古韵。对于盘活旧工业区用地方面，往往需要大量的资金，原有情况下仅由政府出资无法完成再生利用。为解决盘活资金问题，地方政府开始考虑引入市场机制，将项目委托给开发商。而开发商出于自身经济效益的考虑及根据市场需求，相较于采取花费较大且利润较低的模式进行改造，他们更愿意将城市中心那些区位较好的旧工业建筑进行拆除重建，以获得较高的效益。大规模的拆除重建，虽带动了新一轮城市建设，促进城市改造更新，却也使许多城市因此失去了自己的城市特色和历史的厚度。围绕不同的目标，政府主导下的强势方——地方政府和市场机制下的强势方——开发商对于选择政府主导还是市场机制设计比较迷糊，大多数城市仍根据在盘活中政府与开发商孰强孰弱来决定政府主导还是市场主导，仅有广州、深圳等部分城市明确提出“政府引导、市场运作”的盘活制度。因此，如何在政府主导和市场机制之间进行取舍，是约束着目前旧工业建筑再生利用的重要环节。

（2）产权处置与“招、拍、挂”制度的冲突

根据《土地法》及国土资源部相关规定，对于经营性用地必须通过招标、拍卖或挂牌等方式出让国有土地。在成片拆改留的模式下，产权处置与“招、拍、挂”制度冲突更为明显。按照现行规定，拆除建筑后土地使用权需实行政府收储和重新“招、拍、挂”出让。然而，采取成片“拆、改、留”途径进行旧工业区用地盘活的项目，地块上部分保留建筑土地使用权仍属于原土地使用权人，无法满足“招、拍、挂”条件。

（3）增值独享与利益共享的冲突

土地增值是旧工业区用地盘活的经济支撑。从经济角度，旧工业区用地盘活的实质是挖潜土地增值收益，以及对土地增值利益分配的调整。在现有制度下，作为政策和机制的制定者、执行的管理者的地方政府，占有较多的资源优势，是博弈方中最强势的。在实施旧工业用地盘活中，政府通过公权力获取全部的土地增值收益。为推动旧城改造，盘活存量旧工业用地，部分地方政府开始让利于企业，从原来的增值收益独享转向了与居民、企业共享土地收益。如上海田子坊的再生利用，目前已形成政府、企业和居民三方得利的格局。

5.3.2 方法概述

政府、原企业与开发商在再生利用过程中如何进行自身的博弈策略选择，政府是选择主导改造还是引导改造，原企业是选择支持改造还是不支持改造，以及开发商是选择参与改造还是不参与改造，选择哪种策略组合对于政府、原企业和开发商来说能够满足在利益均衡条件下的利益最大化，需要通过模型的构建来解决。由于项目局中人之间的

信息不透明和不对称，为寻求局中人收益的纳什均衡，需建立不完全信息下的旧工业建筑再生利用博弈模型。又由于项目参与者对博弈结构、参与者类型、收益等信息的不完全掌握，因此采用不完全信息动态博弈分析，通过豪尔绍尼转换构造统一的概率模型，并运用贝叶斯原则进行分析计算。根据先验概率、数据信息及贝叶斯公式得到后验概率，不断修正主观概率值，满足序贯理性，以得到局中人利益的最优策略选择，从而实现各参与者期望效用的最大化，研究思路如图5.11所示。

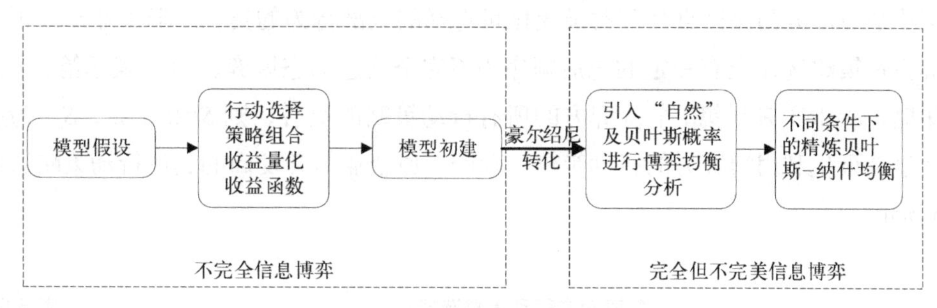

图5.11　研究思路

政府、开发商和原企业的利益均衡是旧工业建筑再生利用项目投资决策阶段顺利运行的关键。所以，必须保证该阶段各利益主体利益博弈关系的协调，这对旧工业建筑再生利用的前期开展和最后的顺利完工至关重要。

（1）模型假设

假设1：三个参与者，参与者Ⅰ为政府，参与者Ⅱ为开发商，参与者Ⅲ为原企业。参与人集合 $N=\{g，c，d\}$，g 表示政府，d 表示开发商，c 表示原企业。

假设2：参与者均为理性人，追求效益最大化。

假设3：开发商和原企业均追求自身效益最大化，不考虑社会及环境效益。政府作为社会发展的推动者，不仅会考虑自身的经济效益，更要考虑社会效益及环境效益。

假设4：若原企业不支持，意为原企业仍需自主经营，博弈直接结束。

（2）行动空间

政府、原企业与开发商行动空间选择如表5.4所示。

各参与者行动空间选择　　　　**表5.4**

参与者	行动空间	
政府	主导改造 （政府在考虑自身效益、财政支付能力、改造预期收益后做出主导，即承担全部改造费用或委托第三方单位）	引导改造 （通过税收优惠、降低土地出让金、贷款贴息、财政补贴、设立专项资金、加大政策宣传力度等方式的决策）
原企业	支持改造 （原企业在评估可获得的安置补偿及利润后做出支持改造，采取全投资及全运营、代建、纯运营支持或股份投入的方式）	不支持改造

续表

参与者	行动空间	
开发商	参与改造 （开发商通过预估参与项目的利润空间决定参与改造，采取全投资及全运营、代建、纯运营支持或股份投入的方式）	不参与改造

（3）博弈策略

策略是博弈方为保证自身利益最大化可选择的全部行为的集合。旧工业建筑再生利用博弈方在策略选择上有一定的先后顺序为不完全信息动态博弈。用 S_i 表示第 i 个博弈方的策略，S_i={S_i} 表示第 i 个博弈方的所有行动策略的集合，则 S={S_g，S_c，S_d} 为所有旧工业建筑再生利用博弈方的行动策略。政府、原企业与开发商的具体行动策略选择如表 5.5 所示。

各博弈方行动策略选择 表 5.5

博弈方	行动策略	
政府	S_{g1} 表示“主导改造”	S_{g2} 表示“引导改造”
原企业	S_{c1} 表示“支持改造”	S_{c2} 表示“不支持改造”
开发商	S_{d1} 表示“参与改造”	S_{d2} 表示“不参与改造”

（4）收益函数

博弈论中，将一个特定战略组合下参与人获得的确定效用水平或期望效用水平定义为收益。一般用 U_i 表示第 i 人的效用水平。参与各方的收益函数如下：

将上述量化的收益划分定义为总社会收益和总环境收益两部分，总社会收益（包括因城市社会、经济环境的改善和社会的安定、治安的好转，而使得政府威信提高等）为 B_s，总环境收益（包括因既有资源充分利用、场地内资源循环利用等带来的效益）为 B_h，则政府、开发商、原企业三方参与改造时，各自分得的社会收益为 $0.46B_s$、$0.29B_s$、$0.25B_s$，环境收益为 $0.44B_h$、$0.34B_h$、$0.22B_h$；只有政府与原企业合作、开发商不参与时，双方分得的社会效益为 $0.6B_s$、$0.4B_s$，环境收益为 $0.62B_h$、$0.38B_h$。

1）政府的收益函数

在博弈模型中，政府有主导与引导改造两个战略选择，故其收益函数表达为式（5-1）：

$$U_g=\begin{cases}\varphi(Z)+0.6B_s+0.62B_h-I_1-W,(S_g=S_{g1},S_c=S_{c1},I_1<A)\\ \varphi(Y)+0.6B_s+0.62B_h-I_2,(S_g=S_{g2},S_c=S_{c1},I_2<A)\\ \varphi(Y)+0.46B_s+0.44B_h-I_2,(S_g=S_{g2},S_c=S_{c1},S_d=S_{d1},I_2<A)\end{cases} \tag{5-1}$$

式中，U_g 为政府选择主导或引导战略时的期望效用函数；φ（Z）为政府主导时的经济收益；φ（Y）为政府引导时的经济收益；I_1 为政府独自承担改造费用时的支付，即政府投资的工程建设费用；I_2 为由开发商支付改造及安置补偿费用，政府提供优惠政策措施、减免城市建设税费征收而支付的费用（$I_1 < I_2$）；W 为政府给原企业提供的安置补偿；A 为政府对旧工业建筑再生利用项目的财政最大支出限度。

2）原企业的收益函数

原企业的战略选择分为支持改造和不支持改造两种，收益函数表达为式（5-2）：

$$U_c = \begin{cases} W + 0.4B_s + 0.38B_h - N, (S_g = S_{g1}, S_c = S_{c1}) \\ V + 0.4B_s + 0.38B_h - C - N, (S_g = S_{g2}, S_c = S_{c1}) \\ 0.29B_s + 0.34B_h - N, (S_c = S_{c1}, S_d = S_{d2}) \\ 0, (S_c = S_{c2}) \end{cases} \tag{5-2}$$

式中，U_c 为原企业选择支持改造或不支持改造战略时的效用函数；W 为原企业获得的安置补偿；V 为通过开发旧工业建筑而获得的收益；C 为支付的安置和开发费用，具体包括安置补偿费、开发建设成本、股份投入以及税费缴纳等；N 为原企业不维持原状，选择改造可能带来的风险损失。

3）开发商的收益函数

开发商的战略选择分为参与和不参与两种，收益函数表达为式（5-3）：

$$U_d = \begin{cases} V_1 + 0.25B_s + 0.22B_h - C_1, (S_d = S_{d1}) \\ 0, (S_d = S_{d2}) \end{cases} \tag{5-3}$$

式中，U_d 为开发商选择参与或不参与改造战略时的期望效用函数；V_1 为开发商通过开发旧工业建筑而获得的收益；C_1 为支付的安置和开发费用，具体包括安置补偿费、开发建设成本以及税费缴纳等。

5.3.3　模型构建

在博弈模型推演当中，首先由政府做出决策战略，原企业与开发商依次跟进选取。由此得出该博弈的扩展式，如图 5.12 所示。

从以上博弈树可得出，改造模型的 5 种战略及期望函数，如表 5.6 所示。

由以上分析可知，战略组合 S_1 为政府承担改造费用，在原企业的支持下（可能以代建、提供改造思路或运营支持等方式）进行改造；战略组合 S_3 为政府、原企业、开发商三方共同改造旧工业建筑；战略组合 S_4 为原企业在政府的支持下，自己对其所在的企业进行改造，即原企业自主改造；战略组合 S_2（主导、不支持）与 S_5（引导、不支持）为原企业选择不支持改造，即无法实施。

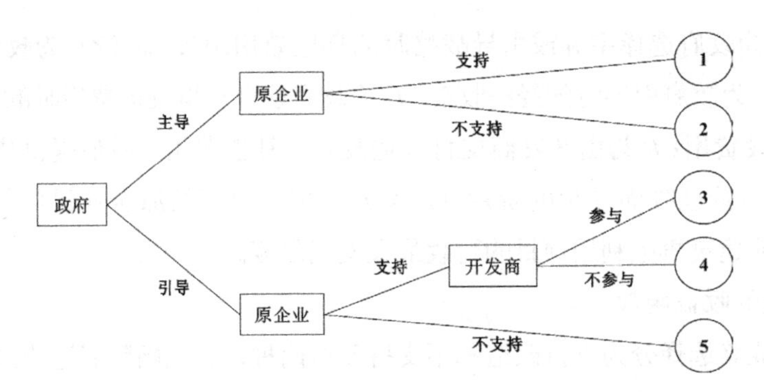

图 5.12 旧工业建筑再生利用项目博弈的扩展式

旧工业建筑再生利用参与方收益函数 表 5.6

序数	战略集合	收益		
		政府	原企业	开发商
情形 1	S_1（主导、支持）	$\varphi(Z)+0.6B_s+0.62B_h-I_1-W$	$W+0.4B_s+0.38B_h-N$	—
情形 2	S_2（主导、不支持）	0	0	0
情形 3	S_3（引导、支持、参与）	$\varphi(Y)+0.46B_s+0.44B_h-I_2$	$0.29B_s+0.34B_h-N$	$I_2+V_1+0.25B_s+0.22B_h-C_1$
情形 4	S_4（引导、支持、不参与）	$\varphi(Y)+0.6B_s+0.62B_h-I_2+R$	$I_2+0.29B_s+0.34B_h+V-C-N$	0
情形 5	S_5（引导、不支持）	0	0	—

对博弈模型应用豪尔绍尼转换，引入“自然”这一虚拟局中人，将一个随机变量赋予每个参与者，该随机变量决定了政府的类型，并且决定了各个类型出现的概率。在博弈期间，自然将根据各参与者类型空间的概率分布为其随机选取一种类型，将不完全信息转变为完全但不完美信息博弈，转换完成后便可以应用完全信息博弈的理论方法进行处理。由于参与人的行动有一定的顺序，后行动者可以预测先行动者的行动，而先行动者只能估计后行动者行动。因此，政府由于自然选择的原因知道自身的战略类型，而开发商和原企业只能得知其战略类型的概率分布。

在建立博弈模型之前，进行相关的假设如下：

（1）模型假设

假设 1：引入“自然”这一虚拟参与人，用以选择政府的类型，则该博弈的参与人集合 $N=\{n, g, c, d\}$，n 表示自然，g 表示政府，d 表示开发商，c 表示原企业。

假设 2：政府的类型空间 $\Omega=(\theta_{g1},\theta_{g2})$，$\theta_{g1}$ 表示“政府最终会主导改造项目”，θ_{g2} 表示“政府最终会引导改造项目”。在该模型中认为原企业和开发商对政府的先验概率分布认知是一致的，$P(\theta_{g1})=\theta$，则 $P(\theta_{g2})=1-\theta$。

假设 3：政府的策略选择取决于效益函数 U_g，但 U_g 本身是无法被其他参与人确定的。

假设 4：原企业和开发商都不知道政府的类型，但政府知道原企业和开发商最优策略的选择逻辑。

假设 5：政府的策略选择和其类型是相互对应的，选择一致即可获得正效用 R，例：政府的类型为 θ_{g1}，同时选择为 S_{g1}，即可树立声誉，获得正效用 R。

政府的类型为 θ_{g1}，并选择 S_{g2}，那么它的声誉受损，获得效用 $-R$。

该三方动态模型的参与者决策是有先后顺序的：阶段一是自然对政府的类型进行选择，阶段二是政府进行策略选择，阶段三是原企业得知政府策略选择之后的决策，阶段四是开发商是否参与的决策。该博弈可用图 5.13 表示。

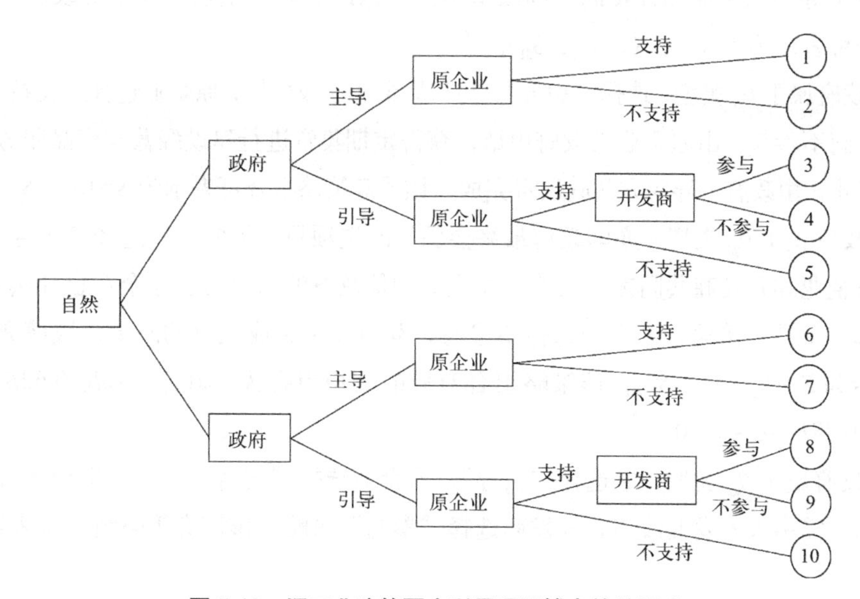

图 5.13　旧工业建筑再生利用项目博弈的扩展式

根据以上分析，旧工业建筑再生利用开发模式的决策过程可归纳为以下几个步骤：1）原企业首先需要对政府的类型 θ_{g1}、θ_{g2} 做出判断，并给出先验概率 $P(\theta_{g1})$；2）综合利用历史经验数据判断突发事件条件概率 $P(S_{g1} \mid \theta_{g1})$；3）计算各备选方案的效用值；4）原企业根据前面步骤中求出的后验概率 $P(S_{g1} \mid \theta_{g1})$ 和效用值，依据期望最大化与损失最小化原理选出最优方案；5）进入下一阶段，开发商选择自己的行动，决定参与与否；6）对 3）～ 5）步进行重复，采用期望效用最大化原则进行策略选择，直到结束。

（2）博弈结果对应的效用组合分析

根据以上假设和博弈扩展式可知，以上 10 种博弈结果可以分为两类情况，第一类是在原企业选择“不支持”的情况下，此时无论政府的类型是哪种，如何选择策略，政府、原企业、开发商三方的收益均为 0。即：

$$(U_{g2}, U_{c2}, U_{d2}) = (U_{g5}, U_{c5}, U_{d5}) = (U_{g7}, U_{c7}, U_{d7}) = (U_{g10}, U_{c10}, U_{d10}) = 0$$

第二类为原企业“支持”或开发商“参与”的情况，这意味着旧工业建筑改造成功，因参与方选择的不同，可分为六种效用组合，具体分析如下：

1）政府属于 θ_{g1} 类型，亦即政府最终会主导改造项目，它选择“主导”，原企业相信政府的公信力，依次选择“支持”策略，双方即可完成项目的改造，不需要开发商的参与，该博弈策略组合可表示为 $S=(\theta_{g1}, S_{g1}, S_{c1})$，该策略组合对应的效用组合为（$\varphi(Z)+0.6B_s+0.62B_h-I_1-W+R$，$W+0.4B_s+0.38B_h-N$，0）。

2）政府属于 θ_{g1} 类型，但政府想吸引开发商参与双方共同承担改造费用，减少资金压力，它宣布自己选择“引导”，原企业选择“支持”策略，开发商选择“参与”策略，形成政府主导与原企业和开发商共同改造模式，由政府和原企业共同出资改造，该博弈策略组合可表示为 $S=(\theta_{g1}, S_{g2}, S_{c1}, S_{d1})$。

3）政府属于 θ_{g1} 类型，选择“引导”，并与原企业达成协议，原企业选择“支持”策略，此时开发商不参与。由原企业向政府申请，获得定期集资进行建设经营与产品服务升级的权利。因此，由政府主导双方共同出资完成，该博弈策略组合可表示为 $S=(\theta_{g1}, S_{g2}, S_{c1})$。

4）政府属于 θ_{g2} 类型，亦即政府最终会引导改造项目，但它宣布选择“主导”，以期能吸引原企业和开发商共同参与改造，原企业相信政府的公信力且原企业自身实力雄厚，依次选择“支持”策略，开发商选择不参与，双方即可完成项目的改造，该博弈策略组合可表示为 $S=(\theta_{g2}, S_{g1}, S_{c1})$，该策略组合对应的效用组合为（$\varphi(Y)+0.6B_s+0.62B_h-I_2-R$，$V+0.4B_s+0.38B_h-C-N$，0）。

5）政府属于 θ_{g2} 类型，它选择“引导”，原企业选择“支持”策略，但由于自身经济状况原因，需引入开发商改造，开发商选择“参与”策略，该博弈策略组合可表示为 $S=(\theta_{g2}, S_{g2}, S_{c1}, S_{d1})$。

6）政府属于 θ_{g2} 类型，它选择“引导”，原企业选择“支持”策略，且原企业经济实力雄厚，可承担改造费用，并获得改造后带来的收益，不需要引入开发商的参与，或原企业勉强能承担改造费用，但开发商认为改造后的经济效益达不到自身要求，选择不参与改造，该博弈策略组合可表示为 $S=(\theta_{g2}, S_{g2}, S_{c1})$。以上效用组合分析，如表 5.7 所示。

旧工业建筑再生利用参与方收益函数 表 5.7

序数	政府类型	战略集合	收益		
			政府	原企业	开发商
模式 1	θ_{g1}	$(\theta_{g1}, S_{g1}, S_{c1})$	$\varphi(Z)+0.6B_s+0.62B_h-I_1-W+R$	$W+0.4B_s+0.38B_h-N$	0
模式 2		$(\theta_{g1}, S_{g1}, S_{c2})$	0	0	0
模式 3		$(\theta_{g1}, S_{g2}, S_{c1}, S_{d1})$	$\varphi(Z)+0.46B_s+0.44B_h-I_1-W-R$	$W+0.29B_s+0.34B_h-N$	$V_1+0.25B_s+0.22B_h-C_1$
模式 4		$(\theta_{g1}, S_{g2}, S_{c1})$	$\varphi(Z)+0.6B_s+0.62B_h-I_1-W-R$	$W+0.4B_s+0.38B_h-N$	0
模式 5		$(\theta_{g1}, S_{g2}, S_{c2})$	0	0	0
模式 6	θ_{g2}	$(\theta_{g2}, S_{g1}, S_{c1})$	$\varphi(Y)+0.6B_s+0.62B_h-I_2-R$	$V+0.4B_s+0.38B_h-C-N$	0
模式 7		$(\theta_{g2}, S_{g1}, S_{c2})$	0	0	0
模式 8		$(\theta_{g2}, S_{g2}, S_{c1}, S_{d1})$	$\varphi(Y)+0.46B_s+0.44B_h-I_2+R$	$0.29B_s+0.34B_h-N$	$I_2+V_1+0.25B_s+0.22B_h-C_1$
模式 9		$(\theta_{g2}, S_{g2}, S_{c1})$	$\varphi(Y)+0.6B_s+0.62B_h-I_2+R$	$I_2+0.4B_s+0.38B_h+V-C-N$	0
模式 10		$(\theta_{g2}, S_{g2}, S_{c2})$	0	0	0

在以上博弈中，原企业和开发商虽然对政府有先验概率，但当他们观察到政府的行动策略时，会自动修正先验概率，对其最优策略的选择产生影响。如前假设，用 $P(\theta_{g1})$ 和 $P(\theta_{g1})$ 来表示原企业和开发商对政府的先验概率，且 $P(\theta_{g1})=\theta$，$P(\theta_{g2})=1-\theta$。

如表 5-7 所示，当原企业观察到政府采取 S_{g1} 策略时，即可获得信息集 h_1，原企业观察到政府采取 S_{g2} 策略时，即可获得信息集 h_1，无论是何种信息集，其形成的后验概率都应符合贝叶斯公式。用 $P(\theta_{g1} \mid S_{g1})$、$P(\theta_{g2} \mid S_{g1})$、$P(\theta_{g1} \mid S_{g2})$、$P(\theta_{g2} \mid S_{g2})$ 来表示原企业和开发商产生的后验概率。其中，$P(\theta_{g2} \mid S_{g1})=1-P(\theta_{g1} \mid S_{g1})$，$P(\theta_{g1} \mid S_{g2})=1-P(\theta_{g2} \mid S_{g2})$。另用 $P(S_{d1} \mid S_{g1})$、$P(S_{d2} \mid S_{g1})$ 表示原企业预测在政府宣布主导改造的情况下，开发商参与、不参与的概率。$P(S_{d1} \mid S_{g2})$、$P(S_{d2} \mid S_{g2})$ 表示原企业预测在政府宣布引导改造的情况下，开发商参与、不参与的概率。根据贝叶斯公式，可得出式（5-4）、式（5-5）：

$$P(\theta_{g1} \mid S_{g1})=\frac{P(S_{g1} \mid \theta_{g1}) \times P(\theta_{g1})}{P(S_{g1} \mid \theta_{g1}) \times P(\theta_{g1})+P(S_{g1} \mid \theta_{g2}) \times P(\theta_{g2})} \tag{5-4}$$

$$P(\theta_{g2} \mid S_{g2})=\frac{P(S_{g2} \mid \theta_{g2}) \times P(\theta_{g2})}{P(S_{g2} \mid \theta_{g1}) \times P(\theta_{g1})+P(S_{g2} \mid \theta_{g2}) \times P(\theta_{g2})} \tag{5-5}$$

①政府选择 S_{g1} 策略后的博弈均衡分析

在信息集 h_1 基础上，原企业如果选择“支持”，其预期期望效用应等于：

$P(\theta_{g1} \mid S_{g1}) \times (W+M+0.4B_s+0.38B_h-N)+P(\theta_{g2} \mid S_{g1}) \times (V+0.4B_s+0.38B_h-C-N)$
$=\{V+0.4B_s+0.38B_h-C-N+P(\theta_{g1} \mid S_{g1}) \times (W+M-V+C)\}$

原企业如果选择不支持，则其预期效用为 0。

在政府选择主导的情况下，若原企业支持，则双方即可完成改造，无需引入开发商的参与，若原企业不支持，改造无法进行，因此，在该种情况下，开发商的预期效用为 0。

因此，在 h_1 信息集基础上，可得到原企业的最优策略如下：

当 $\{V+0.4B_s+0.38B_h-C-N+P(\theta_{g1} \mid S_{g1}) \times (W-N-V+C)\} > \bar{Y}$（$\bar{Y}$ 为原企业维持原生产状态可得收益）时，原企业的最优策略是“支持”。因此，以上条件可转换为：

条件一：$P(\theta_{g1} \mid S_{g1}) > \dfrac{\bar{Y}+N+C-V-0.4B_s-0.38B_h}{M-V+C}$。当条件一成立时，原企业面对政府的 S_{g1} 策略，会在政府主导的情况下支持改造。

②政府选择 S_{g2} 策略后的博弈均衡分析

在信息集 h_2 基础上，原企业如果选择“支持”，其预期期望效用如下：

$P(S_{d1} \mid S_{g2}) \times \{P(\theta_{g1} \mid S_{g2}) \times (W+0.29B_s+0.34B_h-N)+P(\theta_{g2} \mid S_{g2}) \times (W+0.29B_s+0.34B_h-N)\}+P(S_{d2} \mid S_{g2}) \times \{P(\theta_{g1} \mid S_{g2}) \times (W+0.4B_s+0.38B_h-N)+P(\theta_{g2} \mid S_{g2}) \times (I_2+0.4B_s+0.38B_h+V-C-N)\}=P(S_{d1} \mid S_{g2}) \times (W+0.4B_s+0.38B_h-N)+P(S_{d2} \mid$

S_{g2}）×{W+0.4B_s+0.38B_h−N−P（θ_{g2} | S_{g2}）×（C+W−I_2−V）}

原企业如果选择不支持，则其效用为0。

面对原企业的支持，开发商如果选择参与，其预期效用应等于：

P（θ_{g1} | S_{g2}）×（V_1+0.25B_s+0.22B_h−C_1）+P（θ_{g2} | S_{g2}）×（I_2+V_1+0.25B_s+0.22B_h−C_1−W=V_1+0.25B_s+0.22B_h−C_1+P（θ_{g2} | S_{g2}）×（I_2−W）

开发商如果选择"不参与"，其预期效用为0；原企业选择支持，开发商选择不参与的预期效用亦为0。

因此，在h_2信息集的基础上，可得到原企业与开发商的最优策略如下：

当P（S_{d1} | S_{g2}）×（W+0.29B_s+0.34B_h−N）＞0且P（S_{d2} | S_{g2}）×{W+0.29B_s+0.34B_h−N−P（θ_{g2} | S_{g2}）×（C+M−I_2−V）}＞$\overline{Y}$，原企业最优策略是"支持"；当V_1+0.25B_s+0.22B_h−C_1+P（θ_{g2} | S_{g2}）×I_2＞$\overline{K}$（$\overline{K}$为开发商基准投资回报）时，"参与"是开发商最优策略。因为P（θ_{d1} | S_{g2}）、P（S_{d2} | S_{g2}）、P（θ_{g1} | S_{g2}）均大于0，以上条件可转换为：

条件二：$\frac{\overline{K}+C_1-V_1-0.25B_s-0.22B_h}{I_2-W} < P(\theta_{g2} \mid S_{g2}) < \frac{\overline{Y}+N-W-0.29B_s-0.34B_h}{C+W-I_2-V}$且$W+0.29B_s+0.34B_h-N>0$。当条件二成立时，原企业和开发商面对政府的$S_{g2}$策略，都会在明知政府只是提供一定的优惠政策的情况下仍选择"支持"和"参与"作为最优策略。

同理，可得条件三：$P(\theta_{g2} \mid S_{g2}) > \frac{\overline{Y}+N-W-0.4B_s-0.38B_h}{C+W-I_2-V}$。成立时，原企业的最优策略为"不支持"。

条件四：$P(\theta_{g2} \mid S_{g2}) < \frac{\overline{K}+C_1-V_1-0.25B_s-0.22B_h}{I_2-W}$。成立时，开发商的最优策略为"不参与"。

当条件三或条件四成立时，政府为其提供一定的政策支持才能推进项目顺利运行。综上可知，在博弈者决策逻辑一定的情况下，博弈的均衡结果与前提条件的设定紧密相关，将上述博弈均衡及对应条件总结如表5.8所示。

博弈均衡结果对应前提条件列表　　表5.8

政府策略	博弈均衡对应的前提条件	原企业、开发商的最优策略
S_{g1}政府主导	条件一：$P(\theta_{g1} \mid S_{g1}) > \frac{\overline{Y}+N+C-V-0.4B_s-0.38B_h}{W-V+C}$	原企业：支持（政府、原企业两方完成改造）
S_{g2}政府引导	条件二：$\frac{\overline{K}+C_1-V_1-0.25B_s-0.22B_h}{I_2-W} < P(\theta_{g2} \mid S_{g2}) < \frac{\overline{Y}+N-W-0.29B_s-0.34B_h}{C+W-I_2-V}$ 且$W+0.29B_s+0.34B_h-N>0$	原企业：支持 开发商：参与
	条件三：$P(\theta_{g2} \mid S_{g2}) > \frac{\overline{Y}+N-W-0.4B_s-0.38B_h}{C+W-I_2-V}$	原企业：不支持

续表

政府策略	博弈均衡对应的前提条件	原企业、开发商的最优策略
S_{g2} 政府引导	条件四：$P(\theta_{g2} \mid S_{g2}) < \frac{\bar{K}+C_1-V_1-0.25B_s-0.22B_h}{I_2-W}$	开发商：不参与

针对旧工业建筑再生利用利益冲突现象进行分析，得出当前亟待解决的问题包括开发商与原企业之间安置补偿费用的冲突和政府与开发商之间财政税收金额的矛盾。本研究采用纳什谈判解博弈模型分析利益冲突，最终，冲突双方通过谈判协商确定使双方均满意的合理方案。

由于旧工业建筑再生利用过程中的复杂性和未知性，使得各参与主体有不同的策略选择，在具体的实践过程中，因为各目标的不同、组织形式的多种多样，也使得没有一个完善的治理流程能适应所有的项目。因此只能根据旧工业建筑再生利用多主体合作的共性来提出问题，通过建立相应的监督机制、社会效益机制、信任机制、信息共享机制等促进公平的合作环境，保障合作的顺利进行，使总体收益和各主体利益最大，达到共赢的合作初衷。

5.3.4 优化建议

旧工业建筑再生利用的目标是使城市在建设中实现整体的规划，各个组成地区协调有序建设，促进资源二次利用，经济社会可持续发展。然而在具体项目的实施中，依然需要进一步完善赔偿安置方案与政府优惠政策。再生利用工作需要地方政府协调与引导，而地方政府应当充分考虑区域的统筹规划，制定合理的优惠政策，吸引开发商投资。

(1) 分配方式多元化

根据投资与收益对等原则，利益主体对再生利用项目付出的越多，则所应分配得到的利益越多。通过对再生利用项目利益分配的影响因素进行调研整理，可以得出投资比重是影响再生利用项目利益分配的关键因素，除此之外合同执行度也是利益分配决策的重要参考。因此，在利益分配方案的制定和实行过程中，可根据各方在这两方面资源投入程度的差异，补充完善决策方案；从不同的评价维度衡量利益主体为再生利用项目做出的贡献，最大限度保证各方利益的同时使得利益分配方式多元化。

1) 根据投资比重进行利益分配

在再生利用项目中，开发商、政府与原企业需要根据自身的定位、实力以及所扮演的角色进行投资，投入资金不同得到的回报也不同。根据投资与收益对等的原则，投资者期望投入资金的比例与收益的比例呈正比。在利益分配时，投入资金多的投资方应得到与自身投入对等的收益。在具体分配过程中可根据投资额度设定利益优先分配次序，根据梯队顺次依次进行盈利分红。同时可通过激励制度鼓励各方增加投资额度，在合同初期制定各方投资比例上下限，后期若存在超限投资方，对该方的该笔投资追加高于限内资金的分红回报率，以激励各利益主体向项目加大注资力度，保证项目运行规模和效率。

2）根据合同执行度进行利益奖惩

合同执行度是衡量利益主体完成合同约定内容的程度。由于部分利益主体是以追求自身利益最大化为目标，可能会采取不正当的手段，甚至为了增加自身利益，损害项目的整体利益。因此需制定利益奖惩措施，对合同内约定的责任范围根据其执行度的差异进行奖罚，将自身利益与项目整体利益挂钩，以鼓励各方积极履行项目职责，实现项目整体利益最大化。

（2）制定完善相关规范准则

在再生利用项目利益分配中，公平合理的利益分配方案是推动项目顺利实施的根基，但是仅仅依靠方案的制定是不够的，还需要相应的规范准则来进一步规范利益主体的行为，有效应对项目实施过程中的不确定性。完善的行为准则和规范规定了利益主体的努力方向和努力程度，对于后期设定利益奖惩机制并最终实现项目利益的合理分配具有重要的意义。

1）制定利益主体退出规范准则

再生利用项目运行后期因为矛盾激化导致合作破裂的案例时有发生。由于各利益主体在项目发展战略、资金实力、利益回报周期、再生利用价值判断等方面先天存有一些差异，基于不同的出发点临时组成的利益共同体对项目运行难免会产生分歧，容易引发相关利益主体合作退场进而导致项目搁浅现象。建立利益主体退出机制对各方的利益保证以及长期合作关系的建立尤为重要，诸如明确退出的基本程序、协议的解除、退出时已投入资源的赔偿、违约责任的认定及其他后续事务，确保再生利用项目合作的公平与效率，保证项目的顺利运行，维护各方主体的利益。

2）制定利益分配监察监督规范准则

项目利益主体在合同订立阶段对责任权利的划分，可以在一定程度上对其利益分配进行监督管理，避免职责划分不清或存在管理空白地带或责任交叉等现象的出现，保证再生利用项目高效实施。然而在实践中，存在利益主体利益受损，通过外界的监督曝光才得到解决的情况。因此，需要制定完善监察监督规范准则，通过聘请外界有资质的经济审计机构，定期对再生利用项目周期内的营收以及利益分配情况进行监督检查，形成记录向各利益主体以及外界舆论机构进行通报，动员内外部力量共同对项目利益分配现状监察监督。

第 6 章　旧工业建筑再生利用文化安全

旧工业建筑再生利用中的文化现象，从时间上来看可分为既有文化（即原工业建筑中已存在的文化）和未来文化（即旧工业建筑再生后文化），从空间上来看可分为精神层面和物质层面。对于旧工业建筑本身的文化安全，对其进行合理保护和放大；对于潜在的文化安全，对其进行深入挖掘和梳理；对于其本身不具备的文化价值，但符合周边环境、建筑自身特点以及时代潮流的文化，可对其进行置换和塑造。通过文化安全管理，让旧工业建筑文化与现代潮流文化并存，在增添城市生活多样性的同时，保护人们的时代情怀。

6.1　基本内涵

6.1.1　概念

（1）文化安全

文化安全这个概念的产生及界定，以政治领域的“文明冲突论”为里程碑。之后，文化逐渐成为国家权利竞争的重要因素。文化安全问题除了得到政治领域的重视，也同样成了学术界的探寻焦点。当前学术界关于文化安全的界定不甚明确，本章在充分整理归纳文献的基础上，将文化安全定义为：具有文化主权的国家通过接纳并采用各种保全措施，来保护其稳定存在的意识形态、民族文化、价值观念、道德思想等精神类型不受外来干涉和侵害，使其更加稳固、更加和谐。它囊括了各方面的内容，除了包括文化信息及产业、语言、意识形态层面，也囊括了政治、民族宗教、民俗等层面。

（2）旧工业建筑再生利用文化安全

旧工业建筑再生利用的文化安全主要涉及文化延续的问题，它使文化能够保持某种稳定性和连续性，如图 6.1 所示。在人类社会的发展过程中，文化是延续人类文明的载体，失去了文化，相应的文明也就不复存在。旧工业建筑再生利用是基于文化保护和传承基础之上的发展与再造，文化传承是指文化在与主体结合的过程中受内在制度的支配而具有稳定性、完整性、延续性等要求，并在整个社会发展中呈现出再生的特性。与文化的横向传播不同，它主要在人们共同体内部的代际间纵向传递。

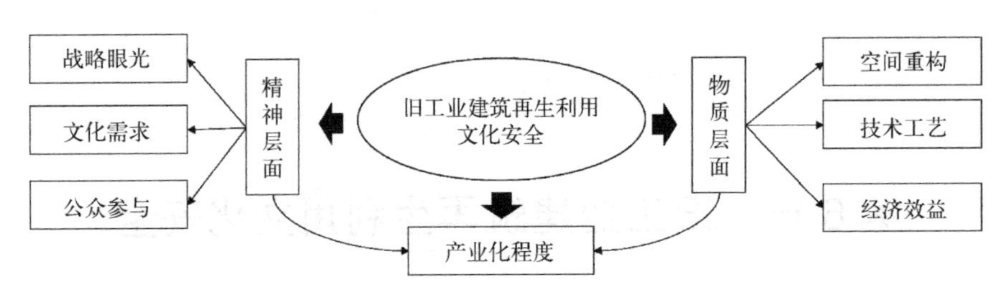

图 6.1 旧工业建筑再生利用文化安全范畴

6.1.2 背景与意义

（1）物质背景

兼顾工业遗产对于城市记忆的不可替代性和对工业遗产资源进行合理利用的观点已经在工业遗产资源管理领域广受认同。“改造性再利用”是目前工业遗产资源管理理论上越来越受到重视的一种途径。1979 年 8 月 19 日批准实施的《保护具有文化意义地方的宪章》明确提出了“改造性再利用”概念。该宪章指出改造性再利用的关键在于为某一建筑遗产找到恰当的用途，这些用途使该场所的重要性得以最大限度地保护与再现，对重要结构的改变降到最低限度并且使这种改变可以得到复原。

城市是一部历史，凡是有深刻历史文化积淀的城市，其文化记忆都默默地蕴藏在城市的肌理之中，即承载在一座座老建筑、名人故居、老店旧铺和无数的历史遗址内。旧工业建筑相对于在大规模建设中被拆掉的历史建筑是幸运的，它肩负着生产功能，所以被留存至今，如图 6.2、图 6.3 所示。

图 6.2 艺象 ID town

图 6.3 深圳蛇口价值工厂

老旧工业区的路网格局、空间结构、建筑风貌，形成了独特的工业文明和人文精神。因此，人们对旧工业建筑有了特殊的情感。保护优秀的历史文化建筑和遗存，既要保护旧建筑和旧器械，也要保护其历史文化和城市记忆，保护其中隐含着的故事和历史。由此，城市的风貌和内涵得以延续和传承。

（2）精神背景

情感记忆部分主要通过口述历史的形式保留下来，以文学作品、影视作品、艺术作品等形式展现，是对相关史料的补充，也是旧工业建筑文化传承社会价值最特殊的体现与保存形式。中华人民共和国成立后国家大力发展工业，很多城市因工业而繁荣，代表这个城市工业发展历程的企业对于城市、市民的重要性不言而喻。对于在这个城市土生土长的人来讲，从不谙世事的童年，波澜不断的青壮年到最后归于平淡的晚年，一生的点滴记忆都离不开工厂。对于因工作需要从外地移居到此的人来讲，从陌生到熟悉，这里就是第二故乡。工厂的一砖一瓦、机器设备、标语口号，都饱含着几代人的记忆，也烙下了这个城市的时代印记，如图 6.4 ～图 6.7 所示。

图 6.4 中国工业博物馆机器展品

图 6.5 原厂房设备做装饰

图 6.6 北京 798 墙壁标语

图 6.7 中国工业博物馆

对于现存的这些工业建（构）筑物遗存，除企业生产者外，情感最深切的应属当年的规划建设者。从中华人民共和国成立初期与苏联专家共同探讨规划中国的城市建设，到 20 世纪 60 年代后克服重重困难在建筑规划行业创下无数佳绩，这期间的泪水与喜悦都融入一栋栋建筑中。如 1967 年由北京市建筑设计院牵头设计，1975 年投产的第二汽车制造厂，建设者在路不通、没有电、用水靠自然的艰苦建设条件下，凭借精湛的技艺，建造了我国第一个自主设计、自主施工、自主建设的大型汽车制造厂。

（3）政策背景

各地地方政府陆续出台政策推进旧工业建筑向符合城市化进程和产业调整方向的

用途进行变更，如表 6.1 所示。2005 年 10 月 13 日，厦门市人民政府办公厅下发《厦门市建筑使用功能和土地用途变更审批管理暂行办法》。该《办法》专门针对旧工业建筑，文件第二条明确规定受理对象为“在厦门市辖区内已建工业、仓储建筑依法审批且已竣工的建筑权属人申请变更建筑物使用功能、土地用途”。与厦门市做法不同，杭州市的办法更适合创意类产业的发展，而且在再生利用报建手续的办理程序上有明确清晰的规定。2008 年 12 月 21 日，杭州市人民政府办公厅下发《杭州市加强与完善现有建筑物临时改变使用功能规划管理规定（试行）》。该《规定》所受理的对象内容更宽泛，不只是工业建筑，《规定》第一条明确“规定所称现有建筑物，是指在公共设施用地、工业用地、仓储用地上合法的、已完成竣工验收并投入使用的建筑物”。《规定》强调临时改变，意在不触动建设用地性质，临时的时间是五年。比其他法规文件更大的进步和更为明确的是，《规定》第七条第一款强调了对建筑物改变用途的技术论证，并设计了较为完善和严格的程序。

国家发改委制定的《全国老工业基地调整改造规划（2013—2022 年）》，国务院办公厅颁发的《国务院办公厅关于推进城区老工业区搬迁改造的指导意见》，工业和信息化部、财政部联合颁发的《关于发展工业文化的指导意见》，住房和城乡建设部发布的《关于加强对城市优秀近现代建筑规划保护的指导意见》和《关于加强历史建筑保护与利用工作的通知》，国家文物局下发的《关于加强工业遗产保护工作的通知》，都涉及工业遗产保护内容，受到了各级政府各部门的广泛关注。

我国旧工业建筑再生利用政策法规汇总 表 6.1

范围	政策法规名称	时间
国家	《国家工业遗产管理暂行办法》工信部产业〔2018〕232 号	2018
	《国务院办公厅关于推进城区老工业区搬迁改造的指导意见》（国办发〔2014〕9 号）	2014
	《国务院办公厅关于加快发展服务业若干政策措施的实施意见》（国办发〔2008〕11 号）	2008
	《国有企业改革中划拨土地使用权管理暂行规定》	1998
北京	《关于保护利用老旧厂房拓展文化空间的指导意见》	2018
	《北京市保护利用工业资源，发展文化创意产业指导意见》	2007
	《国务院关于北京城市总体规划的批复》（国函〔2005〕2 号）	2005
广州	《广州市“三旧”改造方案报批管理规定》（穗旧改办〔2012〕71 号）	2012
	《关于加快推进“三旧”改造工作的补充意见》（穗府〔2012〕20 号）	2012
	《国有土地上旧厂房改造方案审批权限下放工作指引》（穗旧改办〔2011〕70）	2011
	《关于进一步规范城中村改造有关程序的通知》（穗旧改办〔2011〕51 号）	2011
	《关于广州市“三旧”改造管理简政放权的意见》（穗府办〔2011〕17 号）	2011
	《关于自行改造协议出让土地出让金计收政策的函》（穗国房函〔2010〕1098）	2010
	《发布城中村改造复建成本标准指引的函》（穗旧函〔2010〕9 号）	2010
	《关于加快推进“三旧”改造工作的意见》（穗府〔2009〕56 号）	2009

续表

范围	政策法规名称	时间
杭州	《杭州市工业遗产建筑规划管理规定（试行）》	2012
	《杭州市工业遗产建筑规划管理规定（试行）》（杭政办函〔2010〕356号）	2010
	《杭州市加强与完善现有建筑物临时改变使用功能规划管理规定（试行）》	2008
南京	《南京市工业遗产保护规划》	2017
	《关于落实老工业区搬迁改造政策加快推进四大片区工业布局调整的意见》	2016
	《南京工业遗产资源入库》	2012
	《南京历史文化名城保护条例》	2010
	《南京工业遗产调查及保护利用研究》	2010
	《南京市关于加快推进文化产业园建设的政策意见》	2008
	《南京市工业用地招标拍卖挂牌出让实施细则（试行）》宁政办发〔2007〕44号	2007
厦门	《关于2018P03地块国有建设用地使用权出让方案的批复》厦府〔2018〕338号	2018
	《厦门市湖里老工业厂房文创园区项目改造建设审核审批意见》	2014
	《关于推进工业仓储国有建设用地自行改造的实施意见》	2012
	《有关“三旧”改造项目前期调查摸底和规划策划研究》	2011
	《关于推进旧城镇旧厂房旧村庄改造有关土地政策的意见》	2010
上海	《关于推进上海市生产性服务业功能区建设的指导意见》	2008
	《关于加强建筑物变更使用性质规划管理的若干意见（试行）》	2005
	《上海市历史文化风貌区和优秀历史建筑保护条例》	2003
	《国有大中型企业利用外资进行技术改造划拨土地使用权处置管理试行办法》	1996
深圳	《关于加强和改进城市更新实施工作的暂行措施》	2016
	《深圳市城市更新“十三五”规划》	2016
	《关于支持企业提升竞争力的若干措施》深发〔2016〕8号	2016
	《深圳市综合整治类旧工业区升级改造操作指引（试行）》深规土〔2015〕515号	2015
	《关于加强和改进城市更新实施工作的暂行措施》深府办〔2016〕38号	2014
	《关于促进文化与科技融合的若干措施》	2012
武汉	《武汉市大数据产业发展行动计划（2014—2018年）》	2014
	《武汉国家级文化和科技融合示范基地建设实施方案（2012—2015年）》	2013
	《武汉市加快高新技术产业发展五年行动计划（2012—2016年）》	2012
	《武汉市文化产业振兴计划（2012—2016年）》	2012
	《关于打造“文化五城”建设文化强市的意见》	2010
西安	《西安市工业企业旧厂区改造利用实施办法》市政发〔2019〕14号	2019
	《西安市优秀近现代建筑保护管理办法》	2015
	《西安市工业发展和结构调整行动方案》	2006

6.1.3 构建与传承

旧工业建筑再生利用文化安全管理的核心之一就是对旧工业建筑文化的“改造再利

用”，通过合理的文化建构方式，将具备文化价值的建（构）筑物、设备管线、厂区道路等进行整合改造，使其重新具有价值，得以保留，从而能节约建筑资源、材料资源、土地资源。因此，通过旧工业建筑的文化建构不仅能充分发挥建筑物的作用，还积极响应了建设资源节约型社会的倡议。

旧工业建筑再生利用项目的文化建构主要分为两类途径：一是以文化传承为基础，对既有的文化元素的重构，如建筑文化、工业文化、历史文化等；二是结合时代特征，塑造出新的文化元素，如绿色文化、创新文化、教育文化等。如图 6.8 所示。

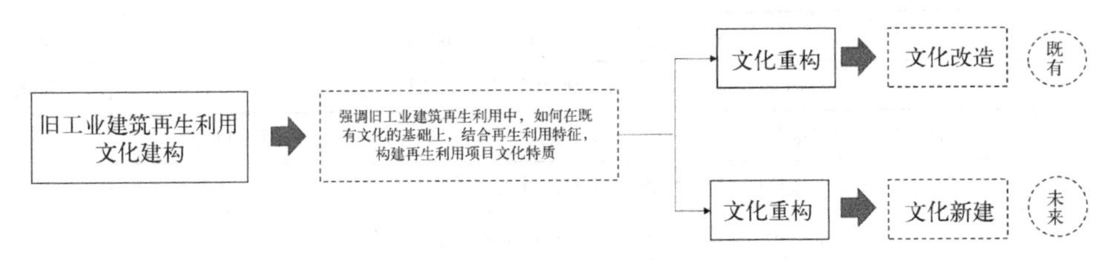

图 6.8　旧工业建筑再生利用文化建构途径

传承具有传递、接续、承接、沿袭创新、承上启下之意。文化传承即社会文化的传继，是文化的“历时性”传播，是文化在诸如民族等社会群体的成员间的纵向传继的过程。文化传承虽然强调的是文化在纵向上的传递，但同时也要在横向上得到传播。这种横向上的传播，既包括具有同一特质的文化在同一社会群体成员间的扩散和传播，也包括不同特质的文化从一个地区或社会群体到另一个地区或社会群体的传播过程。因此，文化传承虽然通常发生在同一个民族或同一个文化地区，但也可以通过横向传播，跨文化地发生，由另一社会地区或民族接受并传承下来。而旧工业建筑工业文化的传承是对旧工业建筑中的既有文化的保护传承，本着保持建筑文化的地域性以及强化建筑文化自身扩张性的原则，去其糟粕，取其精华。包括其对场地环境、内部装饰、巷道及庭院空间、建筑色彩、建筑风格、建筑结构等的传承。且在旧工业建筑再生利用过程中建筑文化的传承不应只注重“美观”的外表，更应注重“实用、坚固、经济”的内在特质。建筑不应只是一味地满足人类需求，而更应考虑对环境的影响，注重与环境的结合。旧工业建筑文化不能只是一味地保护和延续，应该发展、传承，用现代的方式展示其内在的含义。因此发展也不能拘泥于过去，但又不能摒弃传统，要在继承以往精髓的基础上，结合当今适宜的技术，探索出适合现实情况的发展之路，为旧工业建筑文化全面可持续发展开辟一条康庄大道。旧工业建筑不仅蕴含着人们的情感，还蕴藏着一个时代的文化,更是体现出了民族文化的特色。传承并弘扬优秀的建筑文化，不仅对丰富中华文化内容具有一定的推动力，还可以提升中华传统文化在世界范围内的影响力。

6.2 主要问题

随着旧工业建筑再生利用的发展，国内虽然出现了一大批以“文化”为主题的旧工业建筑再生利用项目，但其主要思路是对旧厂房进行改造，使其适应文创产业、商业休闲等功能的发展。这种发展趋势在文化安全的层面上使得旧工业建筑中的传统文化不断流失，商业诱导下的文化产业化完全掩盖了原本工业文化的核心，违背了旧工业建筑文化保护及传承的初衷。

6.2.1 精神层面

（1）战略眼光

在我国的城市发展中，工业文化相对而言易被忽视。其实，如果把文化看成生活方式或规范，那么类似于铁西区的城市社区中，以工人为文化表现载体的工业文化的传承与保护是不容我们忽视的一个课题。我国的旧工业建筑再生利用起步较晚，大众对我国旧工业建筑价值的认识不够全面，很容易忽视旧工业建筑中的文化价值。我国对于旧工业建筑文化价值的保护更多局限在工业遗产上，因其具备一定的标准门槛，导致很多没有被认定为工业遗产的工业建筑缺乏保护进而遭到破坏。

（2）文化需求

大众对文化的需求越强，旧工业建筑再生利用文化保护的可行性就越强。在我国现阶段，大众的诉求往往在问题激化时才强烈地爆发。对于这种缓慢的文化流失，显然不易触动人们的神经。政府认为社区应当有更为多样的生活方式来满足人们不断增长的物质文化需要，而旧工业区的工人们一方面担心着不断上涨的生活压力，一方面想要挽留住社区原有的工业文化——无论是希望得到生活上的保障还是精神上的慰藉。

（3）公众参与度

在我国，城市建设和发展一直是政府、规划部门的职责，社会公众参与的机会很少。公众是社会的主体，城市的发展和历史延续不仅仅是政府、开发商、少数专业人士的事情，而是需要社会公众的广泛参与，共同赋予工业遗产新的活力。在某种程度上说，公众的广泛参与和专家决策是避免行政命令错误导向的有效手段。目前，我国大多数旧工业建筑保护缺乏创新，缺乏与时代的紧密联系，导致缺乏大众吸引力。我国很多文化之所以会消失，群众根基薄弱，缺少传承所需要的土壤是重要原因之一。大众一旦对非物质文化遗产失去兴趣，想要使他们自觉参与到工业遗产的保护和传承当中是非常困难的，最终旧工业建筑文化的保护和传承将会成为无源之水。只有吸引更多年轻人的关注，让群众广泛参与其中，才能真正实现可持续传承。

6.2.2　物质层面

（1）空间重构

旧工业建筑再生利用中包含了建筑文化，主要体现在两个方面：一是包括生产厂房（车间）、辅助生产设备、职工宿舍、道路等人为空间实体；二是通过物质（即空间环境实体）体现出来的建筑理论、建筑美学、建筑价值及建筑哲学的综合体。目前，旧工业建筑再生利用中，维持了建筑原有的历史风貌，即在再生利用中对原建筑的外观形式进行保留甚至是夸大展示。再生利用的重心放在建筑内部功能调整重组，立足于旧工业建筑的现状条件，以满足新的使用功能要求为目标，调整和更新内部空间功能。有些甚至完全拆除旧建筑内部及非承重构件，用新的建筑技术和材料重建，实现功能转换及开发利用，形成了独特的旧工业建筑文化。新生空间形态是对空间既有形态要素的一种补充，同时又是对旧形态要素的一种干预，新旧要素于再生空间中激烈碰撞，产生的化学反应便是再生利用后的旧工业建筑独有的情感色彩，如图 6.9、图 6.10 所示。

图 6.9　上海当代艺术博物馆一层咖啡厅

图 6.10　宁波秀水街历史街区生活场景

（2）技术工艺

旧工业建筑中的再生利用文化安全重要的一环是对原生产工艺的复原和传承。生产设备或者工厂本身承载着、代表着、构成着工艺文化，在此基础之上，再现和复原生产制作工艺，活灵活现地展现完整工艺流程，使得旧工业建筑再生利用工艺文化更加饱满和鲜活。生产工艺的复原包括生产场景的复原和工艺流程的复原两种方式。例如苏州第一丝厂的展览厅中利用蜡像人物和古用丝绸纺织器具还原了从腌茧、蒸茧、绞丝、鞣丝到染丝的完整制作工艺，让参观者一步步完整领略从蚕丝到丝线的变化，如图 6.11 所示。

（3）经济效益

目前，旧工业建筑再生利用处在一个城市快速发展、土地效益不断增长的历史时期。城市功能的转变客观上要求将工业用地置换为更能产生环境、经济、社会效益的其他用地类型。如果这些工业地段、工厂或部分建（构）筑物被认定为代表城市工业发展特色的工业遗产，相对于计划变更用地类型为城市创造的经济效益而言，实施工业遗产的保护与再利用方案处于很大的经济弱势。因此，需要探索出一套更加适合的投资制度，以

(a) 腌茧

(b) 蒸茧

(c) 手工绞丝

(d) 脚踏绞丝

(e) 鞲丝

(f) 染房

图 6.11 传统手工绞丝

换取更大经济效益。例如采取工业旅游的方式，以工业本身独特的功能，如制造过程、产品特色、发展文化等作为旅游元素吸引消费者，提升区域影响，把无形资产再次转换为货币形式的有形资产，实现多方主体的共赢。如图 6.12、图 6.13 所示。

图 6.12 外国友人参观绞丝工艺

图 6.13 售卖丝绸制品

6.2.3 产业化程度

（1）多样程度

文化具有多样性，旧工业建筑再生利用模式的多样化是文化多样性的具体体现。根据调研情况，总结得到旧工业建筑再生功能分布如表 6.2 所示，呈现如下特征。

旧工业建筑功能再生汇总表 **表 6.2**

序号	现使用功能	数量	比例	图示
1	创意产业园	45	42.5%	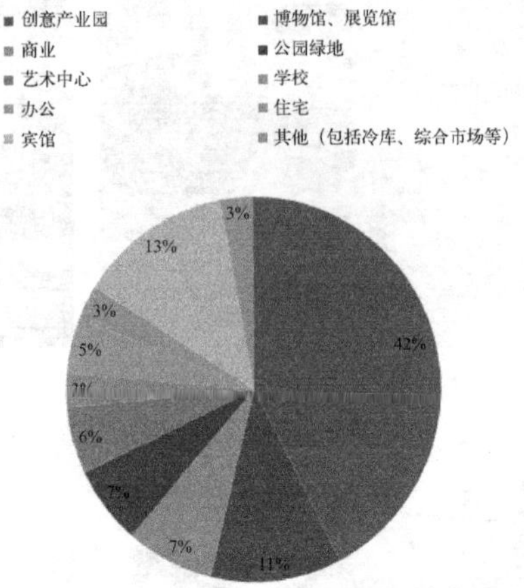 创意产业园 博物馆、展览馆 商业 公园绿地 艺术中心 学校 办公 住宅 宾馆 其他（包括冷库、综合市场等） 42% 11% 7% 7% 6% 7% 5% 3% 13% 3%
2	博物馆、展览馆	12	11.3%	
3	商业	8	7.5%	
4	公园绿地	7	6.6%	
5	艺术中心	6	5.7%	
6	学校	3	2.8%	
7	办公	5	4.7%	
8	住宅	3	2.8%	
9	宾馆	14	13.2%	
10	其他	3	2.8%	
11	合计	106	100%	

1）我国旧工业建筑再生利用的功能主要有创意产业园、博物馆或展览馆、商业、公园绿地、艺术中心、学校、办公、住宅、宾馆等；

2）在相关政策的支持下，有 42.5% 的项目再生利用为创意产业园，旧工业建筑作为创意产业的空间载体取得了较好的综合效益及使用效果；

3）旧工业建筑一般具备厂区体量大、占地面积较广的特点，结合城市建筑密度大、绿地率低的现状，适当改造闲置的工业建筑群、打造环保型主题公园已成为旧工业建筑再生利用的新趋势。

在旧工业建筑的改造模式中，具有较高经济效益的方案往往更容易被采纳，表现为文化创意产业园的再生模式大行其道。在政府、开发商、居民以及职工的博弈中，片面追求经济效益，忽视工业文化的多样性，将会导致工业遗产的特色和内涵缺失，失去传承和发展工业文化的宝贵机会。

（2）片段程度

地方政府在批准和公开工业遗产保护名录时仅保留相关建筑，在规划发展中往往又将工业遗产片区视作城市开发的新兴板块，建筑以外的区域基本被用作商业开发，这就进一步助长了工业遗产的建筑化，从而导致保护工业遗产实际就是保护工业建筑物的现象广泛存在。然而，旧工业建筑再生利用的不仅仅是城市文化的建筑空间，而是充分彰显人文价值的多重生态空间。政府部门和房地产商在面临开发和保护的矛盾时，往往会倾向于拆旧建新，或者仅保留标志性符号。现有的旧城更新规划没有把各类遗产融入整个城市的发展脉络中来考虑，缺乏遗产分类型综合保护的思路，仅仅采用选择性保留典型遗产、拆除周边一般遗产的方式，将会使旧工业建筑丧失必要的活力生存空间。

（3）商业程度

因现代化建设城市的需求以及产业结构的调整，导致了大量旧工业区的衰退，大量旧工业建筑被夷为平地的同时又大量地开发建设，这是发展的需求。开发商追逐经济利益是理所当然的事情，对大多数开发商来讲，必然会选择最为经济快速的商业开发模式。当前，国内有不少地方在工业遗产保护中引入了创意产业，进而走向商业化开发，这对于解决眼前城市区块土地利用问题无疑是有用的。例如在上海 M50 创意园、北京 798 艺术区等较为成功的案例驱使下，各地都兴起了利用工业遗产打造创意产业的项目。这些项目往往将工业遗产中的建筑、厂房进行简单改造，并融入现代艺术和时尚元素，试图引入商业业态实现其经济价值，但它在不少城市的实践中又遇到新的问题。这种内容、形式甚至名称的商业化，不仅削弱了工业遗产的遗产价值，而且也面临着很快过时的危险。如果将工业遗产简单地流转为商业化创意产业，那么工业文化将难以体现。

6.3 对策研究

6.3.1 原因分析

（1）对工业文化认识不足

我国的旧工业建筑再生利用起步较晚且发展不均衡，大多数是对其方式方法的研究，往往偏向于它所带来的经济效益，缺乏对我国旧工业建筑文化价值的认识。提到旧工业建筑，人们的第一感受可能是破旧不堪、落后的、污染的，并不会将其和文化这个具有艺术气息的词语联系起来，只有国内少数开发商认识到旧工业建筑对于城市文化和建筑文化传承的必要性。旧工业建筑改造项目在这些少数开发商的带领下缓慢发展。旧工业建筑的范围远大于工业遗产，且其未被认定为工业遗产也并不代表不具备文化价值，因此导致大量的旧工业建筑依然未得到应有的保护。为了促进旧工业建筑文化传承，我们必须意识到其存在价值，让大众去关注旧工业建筑文化并参与其中。

（2）制度发展不成体系

从政府工作角度来看，工业遗产在其历史价值、建筑价值、土地价值等视角下，物质实体主要归文物保护、住房城乡建设、国土资源等相关部门管辖；工业精神和科技发展研究方面，中国科协承载了相关工作；而大多数工业遗产产权属于企业，产业转型升级与工信系统又有着密切联系。可见无论是哪一部门都有其侧重点，但又不能独立覆盖所有工作。由于工业遗产的“遗产”特性，其保护模式最开始为“文保单位”，并通过文物系统与世界遗产平台建立联系。我国对于文保单位的定义多指历史较为久远的对象，从 20 世纪 80 年代起才有近现代概念。从定义上来讲，广泛意义上的工业遗产很难都归入文保单位范畴，2006 年之前全国范围内的文物普查工作也未将工业遗产单列成项。

目前，设计师在改造设计过程中大多依照现行的针对新建建筑的规范。而这对于旧建筑有些苛刻，所以改造时，只能局部改造，便失去了改造的真正意义。又由于旧建筑的局限性，很多结构、材料无法达到现代化功能的要求，也无法满足现行法规，使改造的难度加大。改造利用适用法律法规的问题得不到解决，旧工业建筑文化就得不到有效保护。且相关建设法律法规不完善，也会造成政府监管没有依据，无法有效监管。

（3）保护手段缺乏多样性

近年来，国内的另一种改造模式是利用工业遗址兴建工业博物馆，例如沈阳工业博物馆、柳州工业博物馆、武汉近代工业博物馆、唐山工业博物馆、湖南衡阳工业博物馆等。这些博物馆的建成表明了工业遗产保护工作的进步，然而保护和利用手段的单一、展览方式的陈旧，使得不少博物馆缺乏足够的吸引力。原本试图用工业展品来反映工业文化，但工业文化在不少博物馆并未呈现，反而在逐渐消失。从保护模式上来讲，文保单位多强调静态保护，而工业遗产体量和存量都很大，全部采用静态保护并不现实。在保护文物建筑及历史地段的国际原则——《威尼斯宪章》第一条即指出，历史性城市和区域的保护必须是一项关于各个层次的经济和社会发展及城市规划的政策组成部分；作为工业遗产保护国际共识的《下塔吉尔宪章》中亦明确提出，工业遗产的保护应同经济发展以及地区和国土资源规划整合起来。可见无论是一般意义上的文保单位，还是作为新兴遗产类型的工业遗产，其保护与发展都应相辅相成，协同思考。

6.3.2 解析方法

旧工业建筑再生利用文化安全是一个开放复杂的系统，包含社会、经济、政府、群众等多个要素，它们之间关系错综复杂，呈现出动态非线性的特点，系统内部各要素之间存在非线性、时间延迟和反馈关系。旧工业建筑文化的研究往往只关注到一个方面，而系统分析强调从问题出发、强调过程分析、从系统结构中寻求问题的根源，以达到提高学习和理解问题的能力，并提高政策制定的有效性。研究这种具有反馈的动态非线性关系的复杂问题，系统动力学是一个非常有效的方法，该方法适用于对社会经济系统进行定性与定量相结合的研究，可研究非线性、复杂时变系统的变化规律，用作实际系统的实验室中长期分析与预测。

（1）概念

系统动力学是以反馈控制论、信息论、系统论、决策过程论为基础，依托计算机模拟技术，分析研究信息反馈系统解决复杂动态行为与结构的综合学科。系统动力学专家认为，系统的行为模式和特性主要取决于其内部结构与反馈机制，因此按系统动力学理论和方法建立的模型，借助于计算机模拟可以用于定性与定量地研究系统问题。

（2）发展

系统动力学属于 20 世纪经济数学的一个分支，在 20 世纪 50 年代中期由美国麻省理工学院福雷斯特教授首创。系统动力学的形成与发展在20世纪70年代推动了可持续发展理论在世界范围内的兴起。系统动力学极力从系统内部的微观结构入手，在把握系统内部结构、参数及总体功能的前提下，分析并把握系统的特性与行为。

系统动力学在20世纪50年代后期主要被用于企业管理，解决诸如原材料供应、生产、库存、销售、市场等一系列问题。因此，当时系统动力学被称为工业动力学，福雷斯特教授1961年出版的《工业动力学》是这一时期研究的标志。20世纪60年代系统动力学应用范围日益扩大，特别是用来研究更复杂的宏观问题，如研究城市的兴衰，这是一个涉及自然资源、地理位置、交通条件、人口迁移、环境容量、投资与贸易等相互关联的复杂的系统问题，福雷斯特教授1968年出版的《城市动力学》一书是当时用系统动力学研究宏观复杂系统问题的集中表现。另外，还出现了许多用系统动力学研究人、自然资源、生态环境、经济、社会相互关系的模型，如“捕食者与被捕者”关系模型、“吸毒与犯罪”关系模型等。20世纪70年代福雷斯特教授应罗马俱乐部之邀作世界模型的研究，以其学生梅多斯为首的研究小组发布了世界模型的研究结果《增长的极限》，其结论在世界范围内引起巨大震动。从此，系统动力学作为研究复杂系统的有效方法，被越来越多的研究人员所采用。常用的系统动力学模型有世界模型，用于研究全球性的发展战略；国家模型，用以研究国家政治、经济、军事、对外关系等；城市模型，研究城市发展战略；区域模型，研究特定地理区域的发展战略；工业模型，研究工业企业发展战略等。

（3）原理

系统动力学方法本质上是基于系统思维的一种计算机模型方法。一般来说，系统思维方法与系统动力学方法的区别在于：系统思维方法不包括仿真模拟的过程，而系统动力学方法通过对实际系统的建模，提供仿真模拟的结果。

系统动力学把世界上一切系统的运动假想成流体的运动，使用因果关系图和系统流图来表示系统的结构。简单来说，系统结构是指系统要素是如何关联的。这个要素可以是系统变量，也可以是反馈回路或子系统。因果关系图能清晰地表达系统内部的非线性的因果关系，以反馈回路为其组成要素。反馈回路为一系列原因和结果的闭合路径，反馈回路的多少是系统复杂程度的标志。两个系统变量从因果关系看可以是正关系、负关系、无关系或复杂关系。所谓正关系是指一个量的增加会引起相关联的另一个量增加，反之则称为负关系，复杂关系指两个变量之间的因果关系时正时负。正负关系在因果关系图中分别用带“+”、“－”号的箭头表示。当这种关系从某一变量出发经过一个闭合回路的传递，最后导致该变量本身的增加，这样的回路称为正反馈回路，反之则称为负反馈回路。

（4）步骤

运用系统动力学解决问题应遵循一定的流程，如图6.14所示。

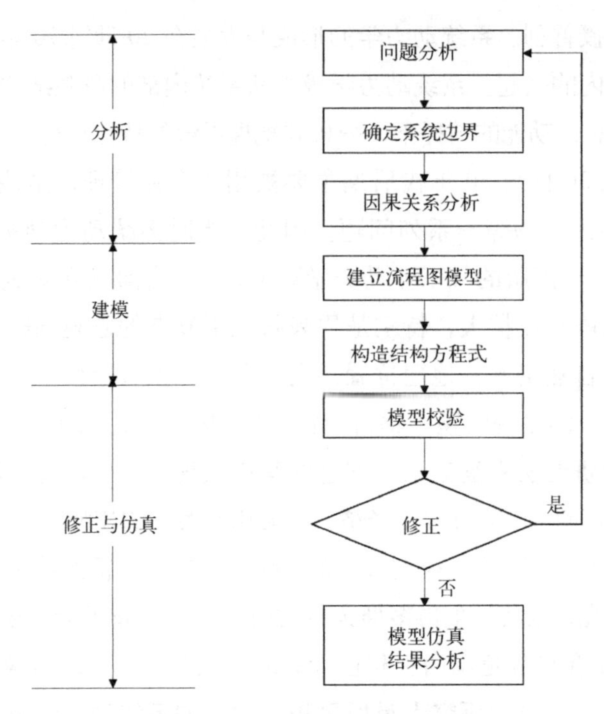

图 6.14 系统动力学步骤

1）确定系统目标与边界

建模的目的主要包括预测系统的期望状态、观测系统的特征、弄清系统中的问题所在、划定问题的范围和边界、选择适当的变量等。因此，在建模之前要对所分析的问题设定简单明了的目标，并对其范围大小、程度深浅有明确的认知。

2）因果关系分析

在明确系统目标和系统问题后，就可根据系统边界诸要素之间的相互关系，描述问题的有关因素、解释各因素之间的内在关系、画出因果关系图、隔离和分析反馈环路及它们的作用。因果关系图（CLD）的缺陷是只能简单地反映反馈结构之间的联系，不能解释不同性质变量之间的差别，为了消除此缺点必须建立流程图模型。

3）建立流程图模型并构造方程式

建立流程图模型，构造 VENSIM 方程式，确定各反馈环中各变量的大小或定量关系，即明确流位与流率。

4）模型校验

在方程式确定之后，将 VENSIM 方程式和原始数据及相关变量在软件中进行多方案模拟，系统中的每个变量必须对应于现实中的一个有意义的概念。

5）模型仿真与结构分析

经过多次仿真模拟，对其结果进行对比分析，依据结果对模型修正及改进，进而提高模型的仿真程度及模型的可靠度，才可以利用模型进行设计和评估改进政策，如改变系统内部参数，创建全新的战略、结构和决策规则。构建完系统动力学模型，需要确定各个变量之间正确的方程式关系，从而计算各个变量的值。变量方程的建立要遵循客观事实的原则，因此要对所研究系统进行深入具体的实证分析，最好能与其他统计模型如回归模型、评价排序模型、预测模型等结合起来加以分析，以确保方程的正确性。

6.3.3 模型构建

依据上文对旧工业建筑文化安全所面临的困境分析可知，旧工业建筑文化在保护和传承过程中，面临的主要困境是工业文化的流失、资金缺乏、大众参与不够等。面对旧工业建筑文化安全管理的困境，有部分专家学者认为产业化是一个可行的道路。通过实施产业化，可以给我国工业遗产保护带来更好的经济效益，并能够大大提升大众的自觉参与能力，给工业文化的保护创造良好的环境。然而产业化过程不仅能给工业遗产带来这些积极的影响，也同样可能带来很多负面的影响，使得旧工业建筑文化慢慢失去其原真性，这是对旧工业建筑文化的一种直接破坏。同时，工业遗产保护好坏的程度又直接影响其内在的文化价值高低，而文化价值的高低则直接影响其产业化发展的成败。根据上面对旧工业建筑文化产业化保护体系的分析，我们使用系统动力学方法，可以提出旧工业建筑文化产业化保护体系的结构模型，如图 6.15 所示。

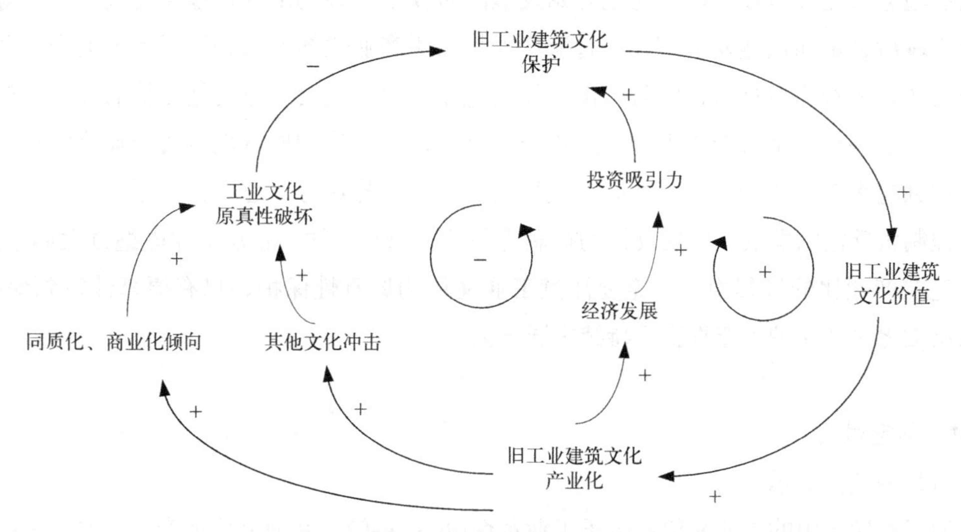

图 6.15 旧工业建筑文化产业化系统结构图

在旧工业建筑文化产业化系统中，同时存在着两种循环发展回路，即加强型动态循环和抑制型动态循环。这表明：旧工业建筑文化产业化一方面可以推动旧工业建筑文化的保护和传承，但同时也会在一定程度上带来旧工业建筑文化原真性的破坏从而抑制旧工业建筑再生利用文化的保护与传承。

（1）旧工业建筑文化保护——旧工业建筑文化价值——旧工业建筑文化产业化——

经济发展——投资吸引力——旧工业建筑文化保护

这是一个正反馈回路，主要反映了通过对旧工业建筑进行保护来提升其文化价值，文化价值的提升会进一步推动文化产业化的发展，从而促进经济效益的提升，吸引更多的资金，用于保护旧工业建筑文化。结合前文所分析的旧工业文化安全困境，实施产业化可以解决资金问题，改善保护条件，创造出一个可持续发展的环境，无论对旧工业建筑的文化保护还是社会经济发展都是有益的。

（2）旧工业建筑文化保护——旧工业建筑文化价值——旧工业建筑文化产业化——工业文化原真性破坏——旧工业建筑文化保护

这是一个负反馈回路，主要反映了旧工业建筑文化保护会提升其内在文化价值，文化价值的提升会进一步推动文化产业化的发展，在面向大众越来越开放的同时会带来其他外来文化的冲击，并且在产业化的驱动下会致使各地的旧工业建筑趋于同质化、商业化。这将大大破坏工业文化的原真性，从而降低旧工业建筑文化保护的效果。这是一个抑制型循环动态过程，强调了旧工业建筑文化的原真性在文化保护和产业化中的重要性。如果文化的原真性遭到了无可挽回的破坏，旧工业建筑文化保护就将陷入瓶颈，造成整个回路的下降或者停顿。

通过分析旧工业建筑文化产业化系统结构图，可以得出工业文化保护和文化产业化的发展趋势，先缓慢提升，因为刚开始发展的时候基础较为薄弱，起步比较困难，等过了该阶段后会走向快速发展期，这时遗产保护由于产业化的发展获得了更多的资金和更多的关注，影响力也更大，此时，保护发展速度较快。之后工业文化保护的发展会慢慢减速，直至停止下来甚至出现倒退的现象，这是由于文化的原真性随着产业化的程度加强而遭到越来越严重的破坏，此时，负反馈回路占主导优势。避免出现恶化现象的方法就是控制负反馈的发展，使负反馈的抑制力降低。只有这样，正反馈才能继续发展下去，也就是在产业化的过程中，一定要注意工业文化的原真性保护，只有原真性得到保护，非物质文化遗产保护才能真正可持续发展下去。

6.3.4 制定对策

（1）创意性展示

旧工业建筑中的工业文化产生于工业革命以后，相较于其他文化遗产，历史较为短暂，缺少大众吸引力，因此可以结合更现代化的技术对工业文化进行创意性的展示，让人们在丰富的体验中理解工业文化。可体现在以下三个方面：

1）建筑空间的多样性。就地取材，充分利用旧工业建筑现有的空间资源开辟工业文化的展示场所，如公园、博物馆、展览馆、生活馆等，从外部空间到建筑内部都可以用于开发利用，如图 6.16 所示。

(a) 入口处

(b) 商户内景

(c) 商业街区

图 6.16　上海 M50 创意园

2）展示方式的多样化。丰富而多样的展示方式，可以使工业文化的信息更容易被人们解读，尤其是多媒体展示技术的运用，可以给人以更加丰富的心理感受和情感体验，从而增强工业文化的展示效果。比如，采用三维动画技术，全息影像展示等，让参观者在虚拟的时空体验中回顾当时当地的工业历史和文化，如图 6.17 所示。

(a) 晾晒麦芽场景复原

(b) 全息影像展示

图 6.17　青岛啤酒厂生产工艺展示

3）文化展示中的互动性和参与性。对于缺少历史专业知识的普通参观者来说，他们偏爱探索式、体验式的展示，希望在一种轻松愉悦的氛围中接受知识和文化。如英国工业遗产在展示工业文化时，常利用一些与工业技术相关的机械装置，鼓励参观者触摸、操作、观察、聆听，体验探索的乐趣。此外，还会运用触摸屏、投影、红外声光系统等装置让参观者与环境实现多种感官的互动，让人们真实地感受到工业文化的存在。这三方面都有助于提升大众参与度，帮助人们认识工业文化，促进文化传承与发展，如图 6.18 所示。

(2) 产业化提升

根据前文旧工业建筑系统结构图，首先只有实施产业化，才能推动正反馈的运行。例如，旅游业及科教创新产业的发展可以带动旧工业建筑的文化保护。以英国为例，其旧工业建筑旅游兴起于 20 世纪 80 ～ 90 年代，正值英国经济转型，传统企业大量关停，

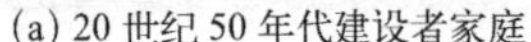
(a) 20 世纪 50 年代建设者家庭

(b) 20 世纪 60 年代知识分子家庭

(c) 20 世纪 70 年代接待外宾住户家庭

图 6.18　沈阳工人村生活馆场景复原

留存下的旧工业建筑在人们怀旧心理驱动下转化成新的旅游资源。旧工业建筑旅游的开发对工业文化的传承产生了积极的促进作用。一方面，旅游业为旧工业建筑的保护更新注入了必要的资金。如铁桥峡谷将 $10km^2$ 内的 285 个保护性工业建筑整合为一体，每年为该地带来 30 万～40 万旅游者，创造的经济收入支持了该区域的遗产保护和工业考古工作，如图 6.19 所示。另一方面，开发也重塑了旧工业建筑的文化形象，对工业文化的传播起到了推动作用。如铁桥峡谷、布莱纳文这些地处偏僻区域的工业遗址的价值正是由于旅游业的开发才被大众所认识。旧工业建筑旅游的发展也需要注意三个方面：

1）从工业文化中深度挖掘具有独特性的旅游资源，开发富有创意的旅游产品。虽然工业文化涵盖很广，但每处旧工业建筑总有其最有代表性的文化资源。

2）利用旧工业建筑更新的机会完善必要的配套服务设施。英国一些发展成熟的旧工业建筑旅游地，不仅可以让游客参观旧厂房、博物馆，还配备了餐饮、休息和购物空间，有的还配备了多媒体教室供游客上网查阅信息。大型的旧工业建筑还将原有建筑改造为酒店、青年旅馆等住宿设施，为旧工业建筑旅游配备了必要的外部条件。

3）加强旅游产业与其他产业的融合发展。相较于其他旅游景点而言，游客在旧工业建筑地的停留时间、消费均比较有限，仅靠旅游业难以对旧工业建筑地的经济形成巨大推动，因此需要结合其他产业，共同为旧工业建筑更新和工业文化的传承提供经济保障。

(a) 工业建筑

(b) 铁桥

图 6.19　英国铁桥峡谷

(3) 保护文化原真性

抑制负反馈的影响可以采取的措施是采用整体性保护。从空间角度看，旧工业建筑区域虽然面积大小不等，但都是由相互作用的各种因素组成的复杂地域系统，是各种工业文化要素交织的有机整体。该“整体”也展现出该区域在工业化过程中生产要素的组织、运输、加工，生产技术的发展以及工业社区的形成等方方面面的信息。如国际旧工业建筑保护委员会主席博格荣所言，虽然旧工业建筑的各个因素都具有价值，但是只有在一个整体景观框架中，它们的价值才能真正体现出来。整体性保护能够使旧工业建筑的文化信息段得到最大程度的保存。旧工业建筑的整体性保护要注意以下三个方面：

1) 对旧工业建筑各种建筑、设施的整体性保护。一般大型的旧工业建筑区域会包括生产、生活、交通等多种类型的建筑和设施，这些要素结合在一起全面反映了旧工业建筑的工业和社会发展的历史，因此对各种类型工业建筑、设施的整体保护有助于人们理解各种工业文化要素之间的相互关系。

2) 旧工业建筑与周边环境的整体性保护。当前国际上对旧工业建筑的理解已经超出了单个工业建筑或场地，而是将其看作一系列相互联系的，体现生产要素如何组织、运输和加工的场地和环境的整体。这种整体性保护可以让人们理解工业发展和环境资源之间的关系，为工业文化的传承融入更多生态和可持续发展的意义。

3) 有形遗产和无形遗产的整体性保护。旧工业建筑不仅包括建筑、设备这些有形的物质遗产，还包括生产技术、工艺流程、价值观等无形的非物质遗产。在旧工业建筑更新过程中，只有将有形遗产和无形遗产作为整体来保护，才能为旧工业建筑的物质空间注入文化灵魂，实现旧工业建筑更新和工业文化传承的融合发展。

第7章 旧工业建筑再生利用生态安全

随着社会、经济的快速发展及城市化进程的加快，关乎人类自身生存与发展的环境问题日益突出，能源危机、资源短缺是当今世界面临的主要问题之一。我国绝大部分旧工业建筑的建设受当时技术水平和经济条件等的限制，均或多或少存在环境污染问题。考虑到旧工业建筑拆除造成的资源浪费和环境污染，以及人们对建筑健康舒适性的要求，在旧工业建筑再生利用时控制生态安全的重要性不容小觑。

7.1 基本内涵

7.1.1 概念

（1）生态安全

生态安全的概念早在20世纪70年代就已被提出，有广义和狭义之分。广义的生态安全是人在生活、健康、安乐、基本权利、生活保障来源、必要资源、社会秩序和适应环境变化的能力等方面不受威胁的状态，包括自然生态安全、经济生态安全和社会生态安全，它们共同组成一个复合人工生态系统；狭义的生态安全是自然和半自然生态系统的安全，是生态系统完整性和健康水平的反映，如图7.1所示。

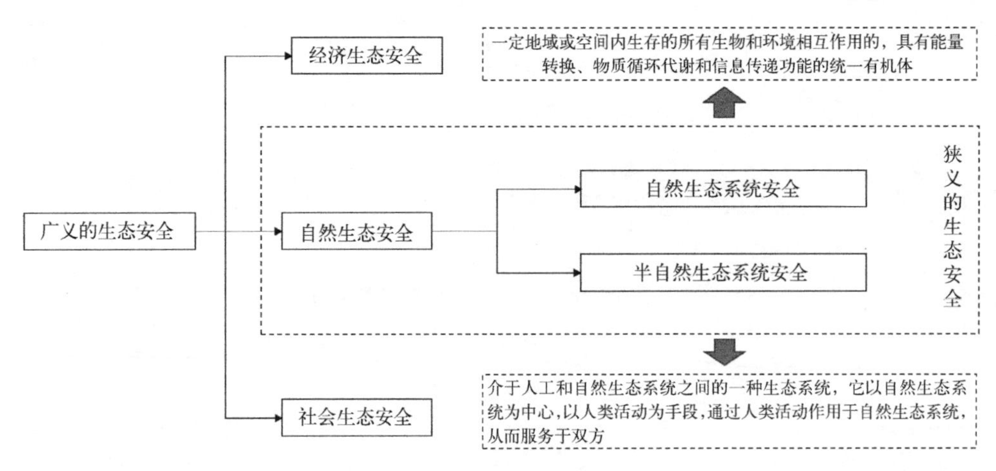

图7.1 生态安全的概念

生态安全定义还存在两方面的局限：一方面，仅考虑了生态风险（指特定生态系统中所发生的非期望事件的概率和后果），而忽略了脆弱性（指一定社会政治、经济、文化背景下，某一系统对环境变化和自然灾害表现出的易于受到伤害和损失的性质）的一面；另一方面，仅把生态安全看成一种状态，而没有考虑到生态安全的动态性。

针对这一局限，生态安全可以定义为人与自然这一整体免受不利因素危害的存在状态及其保障条件，并使得系统的脆弱性不断得到改善。一方面，生态安全是指在外界不利因素的作用下，人与自然不受损伤、侵害或威胁，人类社会的生存发展能够持续，自然生态系统能够保持健康和完整。另一方面，生态安全的实现是一个动态过程，需要通过脆弱性的不断改善，实现人与自然处于健康和有活力的客观保障条件。

（2）旧工业建筑再生利用生态安全

综合旧工业建筑再生利用的特点，本书从狭义的生态安全概念上展开研究。由于工业建筑占地面积大、绿地率低，同时原工业企业生产过程可能产生包括酸、碱、重金属、有机物等对生态环境产生危害的污染物，一定程度上破坏了生态系统的健康和完整性，对区域生态安全产生了不同程度的负面影响，如图 7.2、图 7.3 所示。相比能够直接暴露出而更受关注的结构安全、消防安全问题，具备一定隐蔽性的生态安全问题是旧工业建筑再生利用中应首先解决的最大的安全隐患。然而，在旧工业建筑再生项目中，由于相关安全意识的缺乏和经济利益的驱使，大量存在生态安全隐患的旧工业区未经科学的检测、治理和修复，直接投入使用，对区域环境和人民健康产生了极其不利的影响，是制约旧工业建筑生态安全的关键问题。

图 7.2　废气污染

图 7.3　废水污染

7.1.2　理论与方法

（1）生态系统理论

“生态系统”是“生态”与“系统”两个理论的结合。“生态”呈现生物成长、发展、变化的状态，直接反映生物之间以及生物与其所处环境之间的交互作用。“系统”是由众多相互作用、相互依赖的小部分组合构成，使整个系统得以实现某一功能为目标。“系统”具有普遍性、广泛性等特点，从微观到宏观，从个体到群体，都有“系统”的影子。“系统”

存在于时空的形式具有多样性，可以有生命，也可以无生命，可以客观存在，也可以虚拟构想。系统的构成可以是简单的，也可以是复杂的，简单到几个具有相互作用的小部分就可以组成，复杂到可以包含无数大大小小、相互作用的子系统。而对于旧工业建筑再生利用生态系统来说，主要反映在再生利用范围内土壤、空气、水体及建（构）筑物环境与动植物之间的交互作用，如图 7.4、图 7.5 所示。

图 7.4　旧工业建筑空间内的绿植

图 7.5　绿植分割旧工业建筑单元

（2）生态承载力理论

“承载力”出自工程地质领域，帕克和伯吉斯两位学者将其引入了生态领域。它实则表示的是一种服务能力，即在一个确定的时间、空间内，生态系统能够为生物生存与发展提供的最大生态服务能力。经济水平的不断提高，为此付出的成本是生态被破坏、资源被消耗，异常天气频繁出现，人们慢慢也感受到自然变化所带来的负面影响，逐渐认识到生态保护的重要性，对资源环境与人类社会发展之间的关系也有了新的、更深刻的认识。由此，关于“生态承载力”的许多概念被提出，“生态承载力”理论也得到了丰富与深化。“生态承载力”具体由支持部分和压力部分两部分构成，如图 7.6 所示。

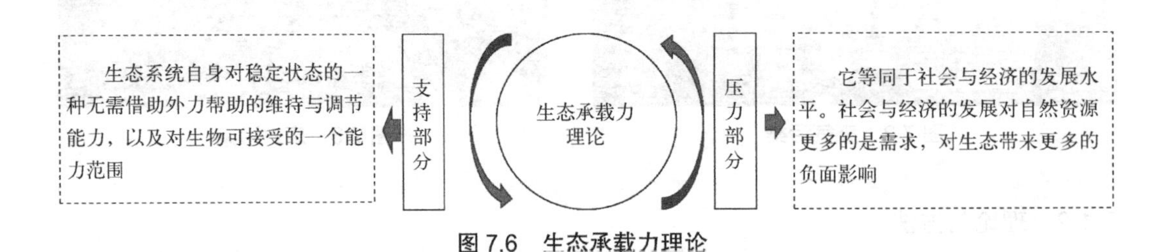

图 7.6　生态承载力理论

（3）突变理论

该理论源自法国数学家雷内·汤姆 20 世纪 70 年代初出版的著作《结构稳定性和形态发生学》。在这之后，济曼和吉尔莫雷等人对其进行了深入研究，自此，突变理论被看作是数学领域的一个新的分支，被推广开来。

突变理论的主要研究内容是关于两种稳定状态间的转化。该理论认为世界上的一切运动状态，都有稳定态和非稳定态之分。一个状态在很小的扰动作用下还能保持原先的状态，那么这个状态就是稳定态；如果一个状态受到很小的扰动作用后，原来的状态迅速变了，那么这个状态就是非稳定态，这两个状态并不是独立的。一个系统正是以突变的形式从一个稳定态向另一个稳定态转化的。现实世界中的客观事物往往也是一个由多种要素构成的系统，而突变理论的多维性、多元性正好与此相匹配，所以突变理论作为一种有力的数学工具，能较好地解释许多复杂的系统行为，解决社会中许多不连续现象，也可以预测自然界和社会中的一些行为。

突变理论的核心思想对于人们很好地理解系统的变化与中止起到了很好的作用。如果系统处于一种静止（即一种没有发生变化）的状态，那么它就自然地慢慢靠近到一种稳定状态。系统如果受到外力，最开始系统可能尝试先通过一定方式接受这个外界的作用。此时可以分为两种情况：当系统所受的外力不太大时，系统是有能力恢复到原先的稳定状态；但是如果系统所受的外界力量太强大，系统无法做到完全吸收，那么这时就会导致突变。突变一旦发生，就使得系统进入一种新的稳定状态里。到达新的稳定状态，系统就不再可能通过连续的方式回到之前的理想状态。

7.1.3　研究内容与现状

（1）生态安全研究内容

尽管生态安全的概念提出已有 40 多年，但是由于生态安全内涵的丰富和复杂性，以及人们对生态安全的研究尚不够深入，因而一直也未能形成统一并普通接受的定义。为了建立一个有用的实现生态安全的战略或是行动计划，首先需要一个清晰可行的生态安全的定义和一套学科的理论方法体系。如对生态安全的定义、本质、特征、原则和作用原理等的探讨，将为调控人类的活动，保障生态安全提供理论基础。因此，当前首先应加强的是生态安全概念与学科体系的研讨、建立及完善，为其他的研究打下基础并提供平台。

保障生态安全还需要建立一套相应的技术与方法，即从生态安全的识别、辅助决策到决策的一整套技术与方法体系的研究，为保障生态安全提供技术支撑。该技术与方法体系中的一项重要内容就是生态脆弱性的分析与评价的研究。脆弱性是生态安全的核心内容，脆弱性分析和评价研究的主要内容是要建立脆弱性评价的指标、指数和评价方法。只有通过脆弱性分析，才能明确哪些环境变化和自然灾害是威胁生态安全的主要因素，它们是如何起作用的，从而建立生态安全的预警系统。而且通过脆弱性分析和评价可以为采取怎样的应对和适应战略提供依据；明确当前不安全的程度、哪些区域和团体是最不安全的；回答为什么一些区域和团体在全球环境变化面前比其他区域和团体更为脆弱。这些问题都是生态安全的核心问题，明确这些问题之后，才能够有效地构建生态安全的保障体系。

为了维护生态安全，必须采取一些战略或行动。而采取什么样的战略或行动能有效地调控人类活动及减少生态安全的威胁因素，这是一项重要的研究内容。具体到每个国家、地区和地方，其采取的战略或行动的内容都会有不同，因而如何设计出适合不同尺度的人类活动调控方式，是生态安全研究要解决的一个重要问题。生态安全的维护和管理包括资源资产管理、生态服务功能管理、生态代谢过程管理、生态健康状态管理以及复合生态系统的综合管理。如何充分利用生态学和管理学知识，从自然、经济、社会等各个层面对现有安全保障系统进行全面整合；如何减少风险和改善脆弱性，科学地管理和维护生态安全，是生态安全研究要解决的另一重大问题。

（2）生态安全研究现状

1）国外研究现状

在宏观上，国外研究主要围绕生态安全的概念及生态安全与国家安全、民族问题、可持续发展和全球化的相互关系而展开。1996 年《地球公约》中的“面对全球生态安全的市民条约”，约有 100 多个国家的 200 多万人签字。该条约建立在生态安全、可持续发展和生态责任的基础之上，要求各成员国和各团体组织互相协调利益，履行责任和义务。1998 年发表的《生态安全与联合国体系》中，各国专家就生态安全的概念、不安全的成因、影响和发展趋势发表了不同看法，其中有悲观的看法，有中立的客观认识，也不乏积极乐观的见解。总之，生态安全作为一个热点已被越来越多的专家学者和行政长官乃至平民百姓所重视。随着生态安全研究的不断深入，科学家们越来越关注环境变化与安全之间的内在关系，最近有关社会和生态系统脆弱性的问题已成为研究的中心。

从微观角度看，目前国外关于生态安全的研究主要集中在两个方面：一是基因工程生物的生态（环境）风险与生态（环境）安全；二是化学品的施用对农业生态系统健康及生态（环境）安全的影响。

2）国内研究现状

我国生态安全问题在 20 世纪 90 年代初期已有提出，但正式以生态安全为研究内容和研究对象则始于 1998 年。1998 年长江特大洪水对长江中下游地区造成了巨大的社会经济损失，生态环境恶化对社会经济影响的严重性引起了人们的广泛重视，生态安全问题也开始提到议事日程上来。

1999 年，中科院把“国家生态安全的监测、评价与预警系统研究”作为 2000 年的重大研究项目，生态安全问题研究开始成为多学科与可持续发展研究的一项重要内容。原国家环境保护总局在全国范围开展了生物安全调查，于 2000 年制定了国家生物安全框架。2000 年 12 月，“全国生态环境保护纲要”座谈会在北京召开，会上国家生态安全被提上议事日程，此后，有关研究相继展开。

7.2 主要问题

7.2.1 水体问题

我国水资源既存在地域上的分布不均，又存在着时段上的分布不均，北旱南涝或春旱夏涝的现象时有发生。而由于存在水资源管理不善、资金投入不足、基础设施建设滞后或不足等问题，既存在水资源的开发利用率较低，也存在过度开发、粗放性取水的现象。此外，由于点面源污染大量叠加，大量生活污水和工业废水未经处理直接排入河流中，造成了水体的大面积污染。

在旧工业建筑再生利用过程中，同样会涉及水资源修复与保护的问题。例如对于一些大型的旧工业区，由于其开发利用早，对水体的规划和保护措施有限，普遍采取开发水体景观（池塘、景观湖之类）的做法，如图7.7所示，以至于地下水等造成不同程度的污染。较为常见的包括：有机物污染、重金属污染、酸碱污染和植物富营养物污染。

(a) 景观湖

(b) 内池塘

图7.7 中山岐江公园再生利用水体

(1) 有机物污染

水体有机物污染包括需氧有机物污染和一般污染，如图7.8所示。其中水体含有的碳氢化合物、脂肪、蛋白质和糖类等有机物在微生物的作用下，可以分解成二氧化碳和水等简单的无机物，在分解的过程中消耗大量的溶解氧。水体中的亚硫酸盐、硫化物、亚铁盐和氨类等还原性无机物，在发生氧化的过程中也消耗水体中的溶解氧，这类物质统称为需氧污染物。需氧污染物的存在使水体中的溶解氧下降，影响水生动物和水生植物的正常生活，使水质恶化。除了需氧有机污染物外，水体中的有机污染物还包括一般的有机污染物，石油、酚类等都是这类有机污染物。

图7.8 水体有机物污染

（2）重金属污染

在一些从事冶炼工作的旧工业区，其间的水体就容易受到重金属的污染。而重金属很多都具有显著的生物毒性，特别是汞、镉、铅等。这类物质在水体中不能被微生物降解，在水体中发生各种形态的相互转化和分散，以及富集到生物体中。有些重金属比如汞，在微生物的作用下可以转变成甲基汞，从而使其生物毒性加强。

水体中的重金属，即使浓度小，也可在藻类和底泥中积累，被鱼和贝类体表吸附，产生食物链浓缩，从而造成公害。水体中金属元素有利或有害不仅取决于金属元素的种类、理化性质，而且还取决于金属元素的浓度及存在的价态和形态。即使有益的金属元素浓度超过某一数值也会有毒性，使动植物中毒，甚至死亡，如图 7.9 所示。

(a) 矿区水体重金属污染

(b) 沿河工业区水体重金属污染

图 7.9　水体重金属污染

（3）酸碱污染

水体酸污染主要来自工厂用酸洗涤产生的废水、矿坑废水、黏胶纤维、硫酸厂、酸法造纸厂等污水的污染。酸雨也是某些地区水体酸污染而造成水体酸化的主要原因。水体中的碱污染主要来源于造纸、炼油以及化纤等工业废水。水体受到酸碱污染会造成水生生态系统结构和功能的改变，使很多水生生物不能在原本生活的水体中生活，同时造成船舶以及水上建筑物的腐蚀。环境 pH 值改变还会增加某些毒物的毒性：在酸性条件下，氰化物、硫化物毒性加大；在碱性条件下，氨的毒性增加。水体酸碱污染还会加大水体的硬度，加大工业用水的处理费用。某工业区水体酸碱污染如图 7.10 所示。

（4）植物富营养物污染

营养性污染物是指可引起水体富营养化的物质，主要是指氮、磷等元素，其他还有钾、硫等。此外，可生化降解的有机物、维生素类物质、热污染等也能触发或促进富营养化过程。植物营养物的污染主要指氮、磷化合物的污染，如图 7.11 所示。这类污染除了来源于工业点源污染外，很大一部分还来源于农业生产和生活产生的面源污染。从农作物生长的角度看，植物营养物是宝贵的物质，但过多的营养物质进入天然水体，将使水质恶化，影响渔业的发展和危害人体健康。

(a) 酸洗涤排出的废水

(b) 酸碱污染改变河道 pH 值

图 7.10　某工业区水体酸碱污染

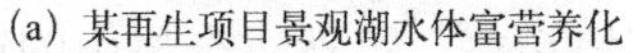

(a) 某再生项目景观湖水体富营养化

(b) 太古仓码头项目毗邻水体富营养化

图 7.11　旧工业建筑再生利用项目富营养化污染

此外，食品厂、印染厂、化肥厂、染料厂、洗毛厂、制革厂和炸药厂等排出的废水中均含有大量氮、磷等营养元素。过量的养分负荷，尤其是氮、磷的营养负荷是导致水体富营养化的主要原因。目前我国淡水水体富营养化十分严重，植物营养物质已经成为水体污染的主要成分之一。

7.2.2　土壤问题

多数旧工业建筑建设年代较早，基于当时环境保护政策的不完善，环境保护技术不够先进，导致现存的一些旧工业建筑土壤存在大量污染物。因此，在对旧工业建筑再生利用前，需对污染的土壤进行处理，使其满足再生利用的标准。此外，对旧工业建筑再生利用时，难以避免的会对原有厂区地貌进行修整，以满足改建后功能的需求，而在对周围环境土壤进行搬迁或移动的过程中可能会造成一定量的水土流失，甚至是土壤中污染物移动和渗漏，造成地下水二次污染，产生巨大危害，如图 7.12 所示。常见的土壤污染物包括有机污染物、重金属污染、放射性污染物和病原微生物污染等。

图 7.12　旧工业建筑内土壤开挖搬运

图 7.13　某造纸厂地基土壤污染

（1）有机污染物

有机污染物是指以碳水化合物、蛋白质、氨基酸以及脂肪等形式存在的天然有机物质及某些其他可生物降解的人工合成有机物质为组成的污染物，可分为天然有机污染物和人工合成有机污染物两大类。根据其具体组成又可分为持久性有机污染物、有机卤化物、多环芳烃、表面活性剂、石油类污染物等。由于土壤中有机物含量过高而引起的土壤污染称为土壤有机污染，主要是指有机农药、石油烃、塑料制品、染料、表面活性剂、增塑剂和阻燃剂等污染。有机污染物对自然环境和人体健康的危害很大，如图 7.13 所示。

（2）重金属污染

重金属污染是指由重金属或其化合物造成的环境污染。虽然重金属中的锰、铜、锌等是生命活动所需要的微量元素，但是所有的重金属在超过一定浓度后都会对生物体造成危害。旧工业建筑地基基础土壤以及园区内土壤是重金属污染物最便捷的附着物，如图 7.14、图 7.15 所示。而再生利用进行功能转换后，如果没有及时有效地修复重金属污染，会对人体造成不可逆的伤害，如表 7.1 所示。

图 7.14　重金属污染土壤

图 7.15　重金属污染建筑基础

（3）放射性污染物

土壤中的放射性元素主要来自于核爆炸的大气散落物、核工业（原子能和平利用时所排放的各种废气、废水和废渣）、人类采矿和燃煤、农用化学品、科研（作大气层核试

重金属污染物的特性及危害　　表 7.1

名称	用途	危害
镉及其化合物	钢、铁、铜、黄铜和其他金属的电镀；制造体积小和电容量大的电池颜料和荧光粉	对呼吸道产生刺激，并造成嗅觉丧失症、牙龈黄斑或渐成黄圈；影响肝、肾器官中酶系统的正常功能，损坏肾小管功能，贫血；致畸和致前列腺癌等
汞及其化合物	化学上制取烧碱和氧气；物理上制造汞弧整流器、水银真空泵；医学上可作消毒、利尿和镇痛剂原料，牙科材料	使神经系统、肾脏系统、免疫系统、心脏、生殖系统甚至是基因发生紊乱
铅及其化合物	铅蓄电池，铸铅字，做焊锡，制造放射性辐射、X 射线的防护设备，建筑材料，乙酸铅电池，枪弹和炮弹，奖杯和一些合金	影响大脑和神经系统
砷及其化合物	制造硬质合金，还可用于农业和医疗	造成糖尿病、脑缺血、血管肥大
稀土元素	稀土微肥、饲料添加材料、稀土添加剂	易在动物体内脏器和组织中蓄积，在骨骼、骨髓、眼、大脑、心脏、脂肪和睾丸中残留量较高，对人体生长和智力发育影响较大

验的沉降物）以及医疗机构等产生的各种废弃物等。含有放射性元素的物质随自然沉降、雨水冲刷和废弃物堆放进入土壤中并在土壤中积累，对人和其他动物的健康构成威胁。

（4）病原微生物污染

病原微生物是指可以侵犯人体引起感染甚至传染病的微生物，主要包括病原菌和病毒两类。它主要来源于未经处理的人畜的粪便、垃圾、城市生活污水、饲养场和屠宰场的污物以及用于灌溉的污水等。人若直接接触含有病原微生物的土壤，可导致病原体的侵入。若食用被土壤污染的蔬菜、水果等，使得病原体在人体中生长繁殖、释放毒性物质，进而引起机体不同程度的病理变化。

7.2.3　空气问题

空气为地球生命的繁衍、人类的发展，提供了理想的环境。而处在不同的区域，相应的空气环境也不完全相同，它与当地的土壤、水体和气候等因素息息相关，旧工业建筑由于所处环境的特殊性，其相应区域的大气环境也往往区别于其他区域。

空气是人类活动所排放出的各种污染物的稀释场所，空气的稀释作用使得空气中污染物的浓度较低，但是空气的稀释作用并不是无限的，污染物在空气中的扩散也并不是均匀的，因而可能在局部区域甚至在较大范围内形成污染物浓度较高的现象，在持续时间内对各种生物产生有害的影响，这时即产生了空气污染。因此，我们对空气污染作如下定义：由于人类活动或自然过程导致某些物质进入空气中，呈现出足够的浓度，涉及一定的区域且存在了足够的时间，并因此而危害了人们的舒适、健康和福利，或危害了环境。空气污染按污染物类型可分为：气溶胶状态污染物污染和气体状态污染物污染。

（1）气溶胶状态污染物

在大气污染中，气溶胶系指悬浮在大气中的固体粒子、液体粒子。从大气污染控制的角度，按照气溶胶的来源和物理性质，可将其分为如下几种。

1）粉尘

粉尘是指悬浮于空气中的固体颗粒，受重力作用可发生沉降，但在一定时间内能够保持悬浮状态，其粒径一般小于 100 μm。粉尘通常是通过固体物质的破碎、研磨、筛分等机械过程而形成的，其形状往往是不规则的，如旧工业建筑再生改造时焊接施工产生的粉尘，如图 7.16 所示。

图 7.16　焊接施工产生的粉尘

图 7.17　炼钢产生的烟尘

粉尘的种类很多，如矿物粉尘、金属粉尘、有机粉尘等，常见的粉尘有道路上的黏土粉尘、教室中的粉笔粉尘、生活中的煤粉尘、水泥粉尘等。在空气污染物控制中，通常根据空气中颗粒物的大小，将其分为飘尘、降尘和总悬浮微粒，如表 7.2 所示。

空气中粉尘类型及特征　　表 7.2

类型	定义	特征
飘尘	指空气中粒径小于 10 μm 的固体颗粒物	能长期飘浮在空气中
降尘	指空气中粒径大于 10 μm 的固体颗粒物	由于重力作用，在很短的时间内即可沉降到地表
总悬浮微粒	指悬浮于空气中的粒径小于 100 μm 的所有固体颗粒物	包括飘尘和降尘的所有特征

2）烟尘

烟尘是指冶金过程或燃烧过程中所形成的固体微粒。其粒径多在 1 μm 以下。如炼钢烟尘、燃煤烟尘，如图 7.17 所示。

3）雾

空气中液体悬浮物总称为雾。气象学中特指造成能见度小于 1km 的小水滴悬浮体。蒸汽的凝结过程和液体的雾化过程均可形成雾，如水雾、酸雾等。

4）化学烟雾

指某些物质经化学反应所形成的一类气溶胶。

（2）气体状态污染物

气体状态污染物是指以分子状态存在的污染物，简称气态污染物。气态污染物主要包括含硫化合物、含氮化合物、碳氧化合物、碳氢化合物及卤素化合物等，如表 7.3 所示。

气态污染物　表 7.3

污染物	一次污染物	二次污染物	污染物	一次污染物	二次污染物
含硫化合物	SO_2、H_2S	SO_3、H_2SO_4	碳氢化合物	CH	醛、酮、过氧乙酰硝酸酯
含氮化合物	NO、NH_3	NO_2、HNO_3	卤素化合物	HF、HCl	—
碳氧化合物	CO、CO_2	—	—	—	—

气态污染物还可分为一次污染物和二次污染物。一次污染物也称原发性污染物，是指从污染源直接排入空气中的原始污染物；二次污染物也称继发性污染物，是指一次污染物进入空气后经过一系列化学或光化学反应而生成的与一次污染物性质不同的新污染物。在大气污染控制中受到普遍重视的一次污染物主要有硫氧化物 SO_2、氮氧化物 NO、碳氧化物 CO 等，二次污染物主要有 NO_2、硫酸烟雾和光化学烟雾等。

7.3　对策研究

7.3.1　原因分析

（1）风险源的多样

生态安全受到太阳与地球轨道变化、地球内部变化等自然因素和人类活动的双重影响。而人类生产、生活的活动对全球生态安全的影响日益占据主导地位。人类自身活动对生态的负面影响已造成生态污染、全球气候变暖、臭氧层破坏、厄尔尼诺现象、酸雨、生物多样性缺失等全球生态问题。

（2）经济的负效应

人类的生产、生活模式对生态安全有重要影响。制订实施严格的环保法律法规，倡导清洁生产、绿色消费的国家和地区的生态安全就处在一种良好的状态。反之，该国和地区的生态安全就处于脆弱危机状态。过去，发达国家在实现工业化过程中，走的是一条“先污染、后治理”的发展道路，为此付出了生态被破坏的沉重代价。现在仍有许多发展中国家在发展工业化的道路上无视发达国家的教训，不惜牺牲生态，片面追求经济增长。

（3）跨越国境的污染

一是通过河流、风等介质把污染物带入他国，造成生态污染，对生态安全构成危害。二是跨国投资活动。发达国家利用发展中国家环保标准低，把一些劳动密集、污染性产业转移到发展中国家，实施生态侵略，对生态安全构成威胁。三是对外贸易活动。通过对外贸易渠道，把含有对人体健康、生态产生危害的产品出口到他国，从而对其生态安全产生影响。

（4）垃圾的越境掩埋与生物入侵

一些富国以金钱为诱饵，把核废料、工业垃圾、生活垃圾运输到贫穷国家掩埋，对这些贫穷国家的生态和人们健康直接构成伤害，从而对生态安全构成威胁。

（5）科技的负效应

科学技术在为人类创造丰富的物质文明和精神享受的同时，也为生态污染、生态灾难的发生创造了条件，诸如农药、化肥、农膜、电池、塑料等。在现代，让科学家感到自豪的基因工程、克隆技术等也给人类的生态安全埋下了隐患。

7.3.2　解析方法

（1）水生植物修复水体

水生植物为主的水体修复系统技术，主要由太阳能来驱动，对水处理的过程中还可以回收资源和固定能源，加之处理过程中基本不使用化学品，也不会产生有害副产物，是一种非常环保的处理技术，如图 7.18 所示。

（a）水生植物修复厂区池塘水体

（b）水生植物修复厂区沿河水体

图 7.18　中山美术馆（原粤中造船厂）

水生植物净化污水与其他处理方式相比，具有的优势包括：通过光合作用为净化提供能源；具有可欣赏性，能改善景观生态环境；可以收割回收资源；可以作为介质所受污染程度的指示物；能固定土壤或底泥中的水分，圈定污染区，防止污染源的进一步扩散；一些水生植物庞大的根系为细菌提供了多样性的生境，根区的细菌群落可以降解多种污染物质；输送氧气至根区，有利于微生物的好氧呼吸。与传统的微生物处理方式相比，它的优势在于：低投资、低能耗、处理过程与自然生态系统有更大的相融性等。缺点在于：处理时间长、占地面积大及受气候影响严重。水生植物净化水体的方式及其作用机理如

表 7.4 所示。

水生植物净化水体的方式及其作用机理　　表 7.4

净化方式	净化机理
植物吸收作用	高等水生植物在生长过程中，需要吸收大量的 N、P 等营养元素，并同化为自身的结构组成物质（蛋白质和核酸等），从而使富营养化水体得到净化。利用水面种植高等植物是净化富营养化水体和修复水体的有效途径之一
微生物降解作用	水生植物的存在，为水体中微生物提供了附着基质和栖息场所。这些生物能截留根系周围的有机胶体或悬浮物并将其分解矿化。如许多的芽孢杆菌都能分解有机磷和不溶解性的磷，使植物可以吸收和利用
吸附过滤沉淀作用	浮水植物发达的根系与水体接触的面积很大，能形成一道密集的过滤层。当水经过时，不溶性的胶体会被根系粘附或吸附而沉淀下来，从而减轻了水体的内源污染。一些以沉水植物为主的浅水生态系统通常比其他水生植物为主的浅水生态系统具有更好的水质，其主要原因就是水中的沉水植物的吸附、过滤和沉淀作用更强
抑藻作用	水生植物和浮游藻类在营养物质和光能利用上是竞争者，前者个体大、生命周期长、吸收和利用营养的能力都很强，能很好地抑制浮游藻类的生长。其次，某些水生植物根系还能分泌克藻物质，达到抑制藻类生长的目的。例如，水葫芦根系可以分泌化学物质，清除藻类，使水变清。再次，水生植物的根圈还会栖息某些小型的以藻类为食的动物
对生态系统的作用	水生植物在整个水生生态系统中处于生产者的地位，其生物群落及结构的变化直接影响着水生生态系统中其他的消费者和分解者的种类和数量，从而对整个生态系统的结构进行调整。如果作为生产者的植物系统的结构比较合理，就会带动水体中的动物和微生物的种群结构向合理的方向调整，从而增强水体的自净功能

（2）植物—微生物联合修复水体

植物—微生物联合修复技术是生物修复研究的新领域，它是利用土壤、植物和微生物组成的复合体系来共同降解污染物，清除环境污染物的一种环境污染治理技术。由于其具有利用太阳能作驱动力，能量消耗和费用少，对环境的破坏小，可使用于大面积的污染治理等优点而受到广泛的关注。

旧工业建筑周围污水浸没或渗透到周围水体当中，使得污水中一些病原菌，有毒重金属化合物和化肥、农药、石油等有机污染物，氮磷等过量营养元素直接进入水体，破坏水体的生态平衡，影响植物的正常生长。植物—微生物联合修复，不但可以降低水体污染，而且有助于富营养化水体的恢复，如图 7.19 所示。

（a）植物—微生物联合修复河道水体

（b）植物—微生物联合修复工业区水体

图 7.19　天津天友建筑设计公司再生利用项目

1）植物与根际微生物的关系

1904 年，德国微生物学家 Lorenz Hiltner 提出了根际概念，他将根际定义为根系周围、受根系生长影响的土体。植物根际微生物包括抑制植物生长的有害微生物和促进植物生长的有益微生物。有害微生物主要通过分泌植物毒素、竞争营养物质等抑制植物的生长；根际有益微生物群落包括生防微生物、能生产植物生长激素的微生物和固氮菌等。在水体富营养化的河道坡面，如果能充分利用这些有益的根际微生物的生物学特征，不但有助于植物的健康生长，而且还可以减轻环境污染，实现水体生态的可持续发展。

2）植物与微生物的相互作用

植物作为生态系统中的第一生产者，将光合产物以根系分泌物和植物残体的形式释放到环境中，给土壤、水体微生物的生长繁殖提供碳源和能源。根际有益微生物对植物的影响有：①微生物作为有机质的分解者通过其活动和代谢，将有机养分转化成无机养分，以利于植物吸收和利用；②通过产生植物生长激素促进植物的生长；抑制寄生和非寄生病原菌，起到生物防治作用；③微生物的旺盛生长，增强了对污染物的降解，使植物生长空间更加优越。

（3）人工修复水体

1）物理法

物理法即利用物理的方法修复水体，修复方式与内容如表 7.5 所示。

物理法修复水体　　表 7.5

修复方式	内容
引水换水	通过引水、换水的方式，降低杂质的浓度
循环过滤	在厂区绿色重构设计的初期，根据水体的大小，设计配套的过滤沙缸和循环用水泵，埋设循环用的管路，用于以后的日常水质保养
曝气充氧	水体曝气充氧是指通过对水体进行人工曝气，提高水中的溶解氧含量，防止水体黑臭现象的发生。曝气充氧方式有瀑布、跌水、喷水等

2）物化法

物化法又称混凝沉淀法，该方法的处理对象是水中的悬浮物和胶体杂质，处理过程如图 7.20 所示。

混凝沉淀法具有投资少、操作和维修方便、效果好等特点，用于含大量悬浮物、藻类的水体的处理，可取得较好的净化效果，在旧工业建筑内一些富营养化的水塘和景观湖中，利用该方法可取得较好的经济效果。通常采用的方式有过滤和加药气浮，如表 7.6 所示。

（4）污染土壤化学修复

化学修复法是向土壤投入改良剂，通过对重金属的吸附、氧化还原、拮抗或沉淀作用，

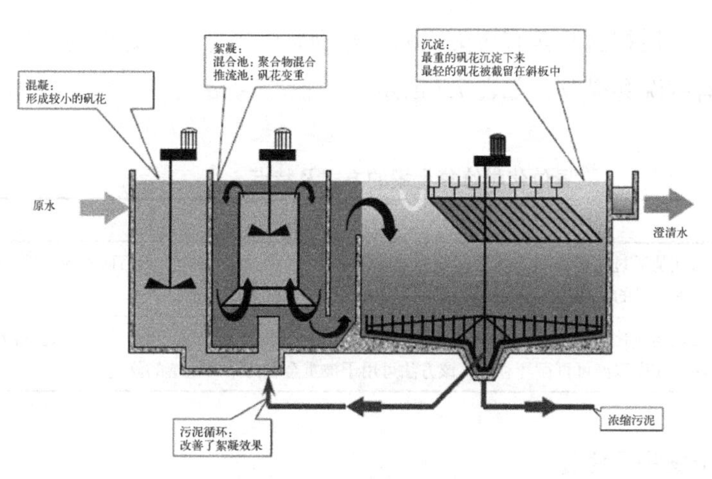

图 7.20 混凝沉淀法处理

物化法修复水体方式及特点　　表 7.6

修复方式	内容
过滤	当原水体中藻类和悬浮物较少时，可对其进行直接过滤，当水中含藻量极高时，应在滤池前增加沉淀池或澄清池。过滤可降低水的浊度。同时，水中的有机物、细菌乃至病毒等也随着浊度的降低而被去除
加药气浮	按照微细气泡产生的方式，气浮净水工艺分为分散空气气浮法、电解凝聚气浮法、生物化学气浮法和溶气气浮法。目前应用较多的是部分回流式压力溶气气浮法，其处理效果显著而且稳定，并大大降低能耗。该工艺可有效去除水中的细小悬浮颗粒、藻类、固体杂质和磷酸盐等污染物，大幅度增加水中的溶解氧含量，有效改善水环境的质量，易操作和维护，可实现全自动控制

以降低重金属的生物有效性。该技术关键在于选择经济有效的改良剂，不同改良剂对重金属的作用机理不同，常用的改良剂有石灰、沸石、碳酸钙、磷酸盐、硅酸盐和促进还原作用的有机物质。化学修复可分为原位化学修复和异位化学修复，如图 7.21、图 7.22 所示。

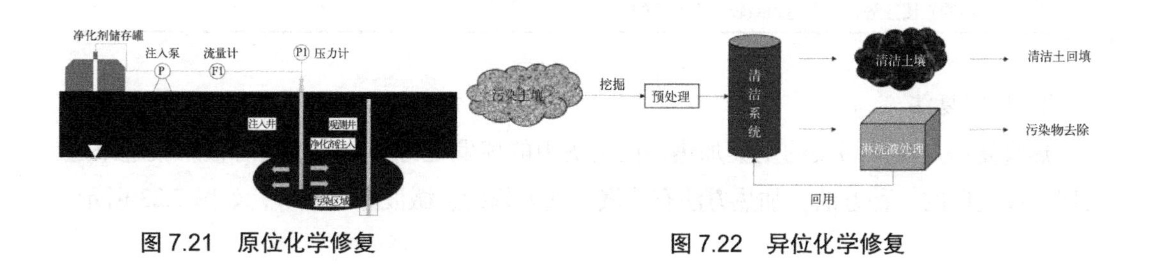

图 7.21 原位化学修复　　图 7.22 异位化学修复

原位化学修复是指在污染土壤的现场加入化学修复剂，使其与土壤中的污染物发生各种化学反应，从而使污染物得以降解或通过化学转化机制去除污染物的毒性，以及对污染物进行化学固定，使其活性或生物有效性下降的方法。原位化学修复法可细分为农耕法、中耕法、螺钻法、灌溉法和喷雾法等。

异位化学修复主要是把土壤中的污染物通过一系列化学过程，甚至通过富集途径转化为液体形态，然后把这些含有污染物的液态物质送到专门的处理场所加以处理的方法。其常见的方式有淋洗和提取，如表 7.7 所示。

异位化学修复土壤的方式及特点 表 7.7

修复方式	内容
淋洗法	淋洗法就是通过注淋洗液的办法，冲洗土壤孔隙介质中残留污染物，然后回收流入地下的冲洗液体，以达到修复土壤的目的。常用的淋洗液有清水、有机溶液和无机溶液
提取法	提取法是运用化学试剂与土壤中的污染物相互作用，形成溶解性络合物，最后从提取液中分离出污染物的一种方法。其提取液可再循环利用，该方法可用于被重金属污染的土壤的修复

（5）污染土壤物理修复

物理修复主要是利用污染物与土壤颗粒之间、污染土壤颗粒与非污染土壤颗粒之间各种物理特性的差异，达到把污染物从土壤中去除、分离的目的，主要包括以下几种方法。

1）换土法

换土法就是用新鲜未受污染的土壤替换或部分替换污染的土壤，以稀释原污染物浓度，增加土壤环境容量，从而修复污染土壤的一种方法。换土法包括换土法、翻土法、去表层土法和客土法等，如表 7.8 所示。

换土法修复土壤 表 7.8

修复方法	修复措施
换土法	把污染土壤取走，换入干净的土壤，同时对换出的土壤进行妥善处理，防止二次污染
翻土法	将污染的表土翻至下层，使聚集在表层的污染物分散到更深的层次，以达到稀释的目的，该法适用于土层较厚的土壤
去表层土法	直接将污染的表土移出原地
客土法	将未受污染的新土覆盖在污染的土壤上，使污染物浓度降低到临界危害浓度以下或减少污染物与植物根系的直接接触，从而达到减轻危害的目的

2）热修复法

热修复法是将受污染的土壤加热，使土壤中的挥发性污染物在挥发时被收集起来进行回收或处理的一种方法。加热方法有蒸汽、红外辐射、微波和射频等，如图 7.23 所示。

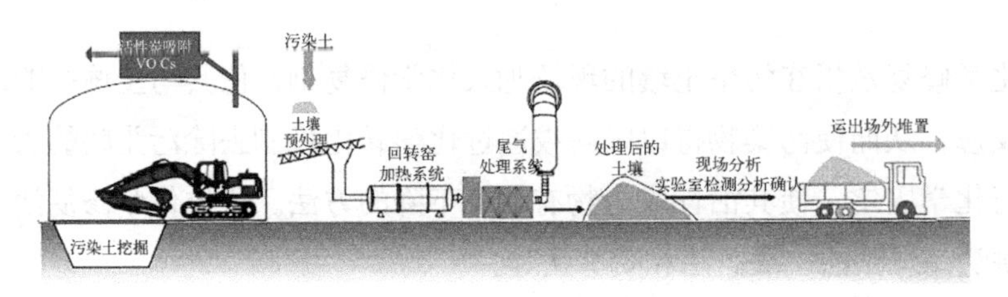

图 7.23 热修复法

3）玻璃化修复技术

玻璃化修复技术是指通过向污染土壤插入电极，对污染土壤固体组分给予高温处理，使有机污染物和一部分无机化合物如硝酸盐、硫酸盐和碳酸盐等得以挥发或热解，从而从土壤中去除的过程，如图 7.24 所示。

4）电动力学修复法

电动力学修复法是在污染土壤两端通入低压直流电场，利用溶剂电渗和溶质电泳将重金属或有机污染物定向迁移到某一电极附近的富集室（一般为阴极室），从而使土壤得以修复的一种方法，一般由电源、AC/DC 转换器和插入污染土壤中的两个电极所组成。电动力学修复法常用于重金属污染土壤的修复，如图 7.25 所示。

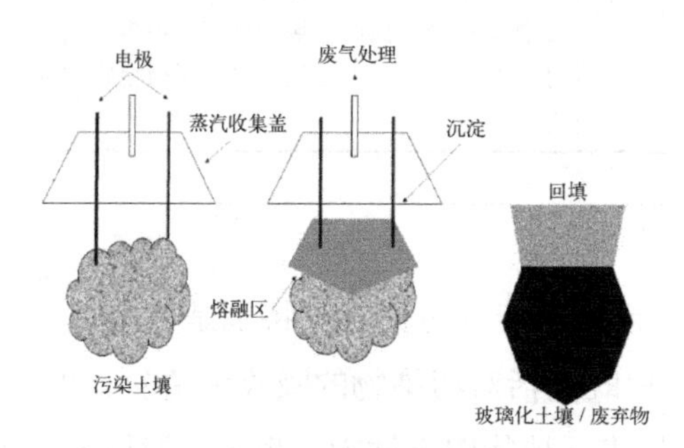

图 7.24　玻璃化修复

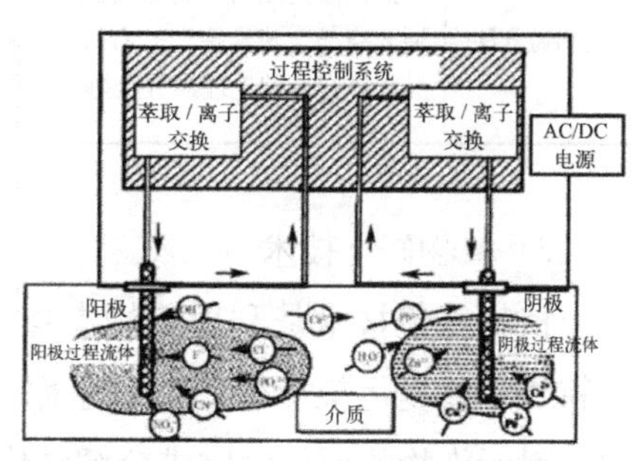

图 7.25　电动力学修复

（6）污染土壤生物修复

生物修复是指利用微生物或植物的生命代谢活动，将土壤环境中的危害性污染物降解成二氧化碳和水或其他无公害物质的工程技术。这种技术主要通过两种途径来达到对土壤中重金属的净化作用：①通过生物作用改变重金属在土壤中的化学形态，使重金属固定或解毒，降低其在土壤环境中的移动性和生物可利用性；②通过生物吸收、代谢达到对重金属的消减、净化与固定作用。生物修复技术主要包括微生物修复技术和植物修复技术。

1）微生物修复技术

微生物修复是利用土壤中的某些微生物对污染物具有吸收、沉淀、氧化和还原等作用，从而降低土壤中污染物毒性的技术。其常见的修复方式如表 7.9 所示。

微生物修复土壤的方式及特点　　表 7.9

修复方式	修复措施	适用范围
地耕处理法	通过在受污染土壤上进行耕耙、施肥、灌溉等活动，为微生物代谢提供一个良好环境，保证生物降解发生，从而使受污染土壤得到修复	适用于土壤渗滤性较差、土层较浅、污染物又较易降解的污染土壤，但这种方法易造成污染物的转移

续表

修复方式	修复措施	适用范围
生物反应器处理法	把污染土壤移到反应器中，让土壤在反应器中与水相混合成泥浆，在运转过程中再添加必要的营养物、鼓入空气，使微生物和底物充分接触，从而完成代谢的过程	适用于修复表土及水体的污染
厌氧处理法	厌氧处理法对某些污染物的降解比好氧处理更为有效，现已有诸如厌氧生物反应器之类的厌氧生物修复技术	厌氧处理对工艺条件要求较为严格，而且可能在处理过程中产生毒性较大、更难降解的中间代谢产物，故在修复土壤污染中的应用比较少
堆肥处理法	在人工控制条件下对生物来源的固体有机废物进行好氧生物分解和稳定化的过程，在堆肥过程中利用多种微生物的活动，使有机污染物得到降解和转化	污染土壤中需含有大量易于堆肥的有机物，并且不含其他有害的污染物，例如重金属等
生物通气法	蒸汽浸提法与生物修复法的结合，是在受污染土壤中强制通入空气，将易挥发的有机物一起抽出，然后排入气体处理装置进行后续处理或直接排入大气中	常用于地下水层上部透气性较好而被挥发性有机物污染的土壤的修复，但也适用于结构疏松多孔的土壤，以利于微生物的生长繁殖

2）植物修复技术

植物修复技术是利用植物本身特有的能忍耐或超积累某种污染物（特别是重金属）的特性来修复污染土壤的技术总称。植物修复的过程既包括对污染物的吸收和清除，也包括对污染物的原位固定或分解转化，即植物萃取技术、植物固定技术、根系过滤技术、植物挥发技术、根际降解技术等，如表 7.10 所示。

常见植物修复技术 表 7.10

修复方式	修复措施
植物萃取技术	又叫植物提取技术，是植物修复的主要途径。利用重金属超积累植物从土壤中吸取一种或几种重金属，并将其转移、贮存到植物的上部分，通过收割地上部分物质并集中处理，使土壤中重金属含量降低到可接受水平
植物固定技术	利用耐重金属植物或超积累植物降低土壤中重金属的移动性，从而减小重金属被淋滤到地下水或通过空气扩散进一步污染环境的可能性
植物挥发技术	利用植物的吸收、积累和挥发而减少土壤中一些挥发性污染物（如 Mo、Se、As），即植物将污染物吸收到体内后将其转化为气态物质，释放到大气中，达到修复重金属污染土壤的目的
根系过滤技术	利用耐重金属植物或超积累植物庞大的根系过滤、吸收、沉淀、富集污水中的重金属元素后，将植物收割进行妥善处理，达到修复水体重金属污染的目的

实际上，单一使用现有污染土壤的治理方法，如物理法、化学法、生物法等都不同程度存在难以克服的技术问题，因此，把多种修复技术结合在一起的土壤修复技术将会取得更好的效果。例如，可以把电动力学修复法与植物修复法联合运用，发挥两种方法的优点，修复效果更佳。

(7) 大气安全控制

1) 合理规划、布局

大气污染控制是一项复杂的、综合性很强的系统工程，影响因素很多，须进行全面环境规划，采取区域性综合防治措施，通过合理布局，才能把大气污染的危害降至最低。

区域环境规划是区域经济和社会发展规划的重要组成部分。它的主要任务，一是解决区域的经济发展与环境保护之间的矛盾；二是对已造成的环境污染问题，提出改善和控制污染的最优方案。大气污染主要发生在人口高度密集城市和大工业区，因此，做好城市和大工业区的环境规划设计工作，采取区域性综合防治措施，是控制大气污染的一个重要途径。

对于工业城市，通过合理的工业布局，是可以把大气污染的危害降至最低的。一个城市按其功能可分为商业区、居民区、文教区、工业区等。如何安排这些区域，特别是工业布局，将直接影响人们的生活和工作环境。比较好的做法是将无污染的企业设在城区，对空气有轻度污染的企业如电子、纺织等，可布置在市边缘或近郊区，而对于污染严重的大型企业，如冶金、化工、建材、火电站等布置在城市远郊区，并应设置在该城市主导风向的下风处。

目前我国已明确规定，在兴建大中型企业时，要先做环境影响评价，提出环境质量评价报告书，论证厂址的合理性，应采取的环境保护措施，以及建厂后对环境可能造成的影响等。

2) 严格环境管理

环境管理从广义上讲是在环境容量的允许下，以环境科学理论为基础，运用技术、经济、法律、教育和行政手段，对人类社会的经济活动进行管理，协调社会经济发展与环境保护的关系，使人类拥有一个良好的生活和劳动环境，实现资源的更高价值，保障经济得到长期稳定的增长。

完整的环境管理体制由环境立法、环境监测和环境保护管理机构三部分组成。环境立法是环境管理的依据，它以法律、法令、条例、规定、标准等形式构成一个完整的体系。环境监测是环境管理的重要手段，一个完善的监测网和及时、准确的监测数据，对进行有效的环境管理和监督是不可或缺的。而环境保护管理机构是实施环境管理的领导者和组织者。以上三个组成部分互为因果，缺一不可。

3) 大力发展绿化

绿色植物是城市生态环境中不可缺少的重要组成部分，绿化造林不仅能美化城市，调节温度、湿度，保持水土，防风固沙，而且具有截留粉尘，吸收大气中的有害气体、减少噪声等多种功能。因此，在城市和工业区有计划、有选择地扩大绿地面积是大气污染综合防治具有长效性和多功能性的措施。

7.3.3 制定对策

(1) 既有空间挖掘

1) 利用既有空间

合理开发和利用现有建筑空间，提高土地利用效率，节省土地资源，缓解高密度，实行人车立体分流、疏导交通、扩充基础设施容量、增加旧工业建筑区内的绿地面积，改善园区生态。

2) 挖掘可利用空间

开发利用地下空间，进行地下空间的规划，对城市发展，提高城市经济效益、社会效益、环境效益都具有难以估量的效果。旧工业建筑由于用地紧张，合理开发现有空地的地下空间，利用地上进行绿化和活动场地的建设，利用地下进行停车、会所等的建设，是提高空间利用的有效途径之一。

(2) 微环境气候调整

大多旧工业建筑的建筑密度较大，行列式布局居多，并且建筑层数变化不大，所以形成的空间单一且不利于引导风向。结合旧工业建筑厂区布局作“减”法，形成良好微气候，创造宜人环境。

1) 景观布置

景观布置区位和形式直接关系到园区的微气候环境。旧工业建筑再生利用项目在最初环境设计的时候往往没有考虑，而后期阶段性改造多是自发或局部美化，也没有考虑微气候调节和利用微气候问题。建筑形成的大量阴影区要重点对待，如活动场地应尽量避开阴影区，否则将会形成长时间的闲置。景观的形式同样受微气候的影响，同时反过来作用于微气候。

2) 改善绿地结构

旧工业建筑再生利用的空间环境离不开绿色植物，它可以掩蔽建筑缺陷，吸附空气尘埃和有毒气体，调节微气候，减少噪声污染。绿化的有效生态效益不仅取决于绿化的覆盖面积和占地面积，而且取决于空间结构和绿地类型以及构成绿地的材料。旧工业建筑由于建设年代较长，有些乔木已成年，更新改造应尽量保留利用，以便达到足够的生物量。

(3) 能源的有效利用

1) 水资源利用

建立良好的景观环境的同时，研究水资源的合理有效利用。如雨水的储留再利用，改善铺装基底，提高渗透性；减少硬铺，增加绿地和透水性铺地。在高密度活动区域，无法保留足够裸地和渗透铺装时，可采用人工设施辅助降水渗入地下，如渗透井、渗透管、渗透侧沟等。

2）物理环境的设计

对于旧工业建筑再生利用后人们生活环境的声、光、热环境及排污、防灾措施等作全面考虑。发展太阳能，利用“平改坡”的契机，将太阳能的利用引入旧工业建筑的再生利用中。

同时，近年来城市机动车数量增长很快，伴随而来的交通噪声污染环境现象也日益突出。旧工业建筑再生利用后无论哪种模式都难以避免日趋丰富的社交活动，基础交通带来的噪声污染成为危害物理环境的潜在危机，应予以引导和控制。

参考文献

[1] T/CMCA 4001—2017 旧工业建筑再生利用技术标准 [S]. 北京：冶金工业出版社，2017.

[2] 郭海东，陈旭，李慧民 . 旧工业建筑再生利用项目施工安全的评价及改进 [J]. 安全与环境学报，2017，17（5）:1720-1724.

[3] 李慧民 . 土木工程安全管理教程 [M]. 北京：冶金工业出版社，2013.

[4] H-W-Heinrich，Industrial Accident Prevention. 5th ed[M]. New York: McGraw-Hill，1980.

[5] 旧工业建筑再生利用规划设计标准 . T/CMCA 2001—2019 [S]. 北京：冶金工业出版社，2019.

[6] 旧工业建筑再生利用实测技术标准：T/CMCA 3001—2019 [S]. 北京：冶金工业出版社，2019.

[7] 旧工业建筑再生利用价值评定标准：T/CMCA 3004—2019 [S]. 北京：冶金工业出版社，2019.

[8] 旧工业建筑绿色再生技术标准：T/CMCA 4007—2018 [S]. 北京：冶金工业出版社，2018.

[9] 旧工业建筑再生利用示范基地验收标准：T/CMCA 4002—2018 [S]. 北京：冶金工业出版社，2018.

[10] 旧工业建筑再生利用工程验收标准：T/CMCA 3003—2019 [S]. 北京：冶金工业出版社，2019.

[11] 旧工业建筑再生利用项目管理标准：T/CMCA 3002—2019 [S]. 北京：冶金工业出版社，2019.

[12] 李慧民 . 旧工业建筑再生利用结构安全检测与评定 [M]. 北京：中国建筑工业出版社，2017.

[13] J-L-Mcclelland A distributed model of human learning and memory[M]. State of California，1986.

[14] 刘跃进 . 国家安全体系中的社会安全问题 [J]. 中央社会主义学院学报，2012，（2）:95-99.

[15] R・爱德华・弗里曼 . 战略管理：一种利益相关者的方法 [M]. 王彦华，梁豪，译 . 上海：上海译文出版社，2006.

[16] Clarkson，Max. The Corporation and Its Stakeholders: Classic and Contemporary Readings [M]. Toronto: University of Toronto Press，1998.

[17] 张永理，李程伟 . 公共危机管理 [M]. 武汉：武汉大学出版社，2010.